社区更新的规划与实践

上海曹杨新村

周 俭 周海波 张子婴 钟晓华 赵 卉 著

中国建筑工业出版社

图书在版编目（CIP）数据

社区更新的规划与实践：上海曹杨新村／周俭等著．
—北京：中国建筑工业出版社，2023.3
ISBN 978-7-112-28316-3

Ⅰ．①社… Ⅱ．①周… Ⅲ．①社区—城市规划—研究
—上海 Ⅳ．①TU984.12

中国国家版本馆CIP数据核字（2023）第017436号

责任编辑：黄　翊　徐　冉
责任校对：张辰双

社区更新的规划与实践
上海曹杨新村
周　俭　周海波　张子婴　钟晓华　赵　卉　著
*
中国建筑工业出版社出版、发行（北京海淀三里河路9号）
各地新华书店、建筑书店经销
北京锋尚制版有限公司制版
北京富诚彩色印刷有限公司印刷
*
开本：880毫米×1230毫米　1/16　印张：15　字数：337千字
2023年3月第一版　2023年3月第一次印刷
定价：**149.00**元
ISBN 978-7-112-28316-3
（40747）

参与编写人员 | 许春晖　殷路群　王海松　刘晓嫣　刘宇扬
金晓明　郑　迪　张　磊　孔秋实　陆勇峰

规划编制单位 | 上海同济城市规划设计研究院有限公司

规划编制人员 | 周　俭　周海波　张子婴　赵　卉　张仁仁
夏　凡　吴少红　周纯一　唐悦祺　伍慧娴
贾新昌　陆晶晶　姜　伟　董　征　王洪洋

指　　导 | 上海市普陀区人民政府

统　　筹 | 上海市普陀区规划和自然资源局
上海市普陀区人民政府曹杨新村街道办事处

技术支持 | 上海城市公共空间设计促进中心
上海市园林设计研究总院有限公司
刘宇扬建筑设计顾问（上海）有限公司
中国建设科技集团
上海建筑装饰（集团）设计有限公司
上海大学美术学院
同济大学政治与国际关系学院社会系
上海魄澄建筑设计有限公司

前言
FOREWORD

习近平总书记2019年考察上海时提出“人民城市人民建，人民城市为人民”重要思想，深刻回答了城市建设发展依靠谁、为了谁的根本问题，深刻回答了建设什么样的城市、怎样建设城市的重大命题，为我们深入推进人民城市建设提供了根本遵循。

此次曹杨新村社区更新在认真学习领会“人民城市人民建，人民城市为人民”重要思想的基础上，努力把握人民城市的根本属性、人民城市的人本价值、人民城市的精神品格、人民城市的主体力量。在2020年初至2021年近两年的时间里，以“15分钟社区生活圈行动”为框架，以“宜居、宜业、宜游、宜学、宜养”为目标，通过“治理机制共创建，社区需求共商议，行动蓝图共绘制，社区家园共建设，建设成果共享用，治理成效共维护”的全过程机制，并结合“2021上海城市空间艺术季”将艺术融入社区日常生活场所，整体提升曹杨新村的社区生活空间品质，全面提升居民的获得感和幸福感，是一次切实践行“人民城市人民建，人民城市为人民”的重要思想，把曹杨新村打造成为人民城市建设示范点的实际行动。

曹杨新村是城市规划专业教材中的经典案例，是“邻里单位”规划理论在中国的典型实践。以小学为中心，5～8分钟从家到达学校；开放、无围墙的住区，保证小学生不沿马路到学校，而是在各个住区中穿行，既保证学生的交通安全，又能够保证从最近的路径到达校园；因地制宜营造环境，以环浜为脉络建设公园，组织“弯窄密”的路网和建筑布局，既形成了特色，又营造了舒适宜居的居住环境。这些规划策略，从曹杨新村建村70年后的今天，我们提倡为居民提供高品质的生活空间来看，依然是有价值的。

传承经典、保护规划遗产，是曹杨新村社区更新的主导思想。“弯窄密”的路网空间体系是曹杨新村空间、环境和风貌的特色，同时也是曹杨新村构建“15 分钟社区生活圈”的重要骨架。走进曹杨新村，一种世外桃源的体验就是来自它独特的空间格局和由此形成的生活环境。“弯窄密”的路网空间体系的优势在于可以避免大量穿越性的机动车交通进入，所以在曹杨新村内的道路很少有交通拥堵的情况，新村里的道路也不需要人行道护栏，穿行马路和在街上行走、骑车都很安全。在这样一种路网格局下，在 15 分钟步行范围内，居民可以便捷、安全地到达社区和邻里的各个服务设施（点）。在曹杨新村社区更新规划中，我们要充分借助这个“弯窄密”的路网空间体系，传承它独具特色的空间格局。

曹杨新村居民对社区具有很强的认同感。对曹杨新村居民来说，愉悦的生活环境和生活的便利性是他们不愿意离开曹杨新村的主要原因之一。我们要保持并强化那些对居民产生认同感的关键要素，传承它丰富便利的公共服务设施布局体系。

每个社区的特色不同，人群结构不同，问题也不一样，需求也不同。曹杨新村更新的经验可以归结为三条：一是做强“长板”，也就是要凸显社区的特色，让社区居民对自己的社区有归属感，热爱自己的社区；二是补上“短板”，把老旧社区各方面的缺陷补齐，让居民更便利、更舒适；三是共同参与，政府各部门、规划师、项目设计师、社会工作者、企业、居民，大家在“一张规划蓝图”的底板上协同工作，一步一步实施蓝图上大家共同确定的项目，共同实现大家绘就的规划愿景，打造人人都能有序参与治理、人人都享有品质生活、人人都切实感受到温度、人人都拥有归属认同感的美好社区。

周 俭
同济大学建筑与城市规划学院教授
全国工程勘察设计大师

目 录

CONTENTS

1 背景：城市更新

上海市普陀区曹杨新村位于上海市内环高架西侧、苏州河北岸，东至中山北路内环高架路，西临桃浦河，北沿武宁路，南至金沙江路。

2020 年

用地面积：2.14 平方公里

常住人口：10.7 万人

1.1 践行“人民城市”理念

2019 年，习近平总书记考察上海时提出“人民城市人民建，人民城市为人民”重要理念。在城市建设中，我们要贯彻以人民为中心的发展思想，合理安排生产、生活、生态空间；完善基础设施和公共服务设施配套，改善民生，提升人居环境水平；保护和传承城市历史文化和空间肌理，保持并彰显城市风貌特色；优化城市功能布局和空间结构，促进土地节约集约利用和产业转型升级；提升公共空间品质和城市活力，让城市成为老百姓宜业宜居的乐园，不断满足人民群众对美好生活的向往。

2020 年中国共产党上海市第十一届委员会第九次全体会议，深入学习贯彻习近平总书记考察上海重要讲话精神，提出要更加自觉地把“人民城市人民建，人民城市为人民”的重要理念贯彻落实到上海城市发展全过程和城市工作的各个方面，把为人民谋幸福、让生活更美好作为鲜明主题，切实将人民城市建设的工作要求转化为紧紧依靠人民、不断造福人民、牢牢植根人民的务实行动。认真践行“人民城市人民建，人民城市为人民”重要思想，始终把人民对美好生活的向往作为奋斗目标，实施推进民心工程，是践行党的宗旨和使命的实际行动，是践行“人民城市人民建，人民城市为人民”的重要抓手，是践行“抓民生也是抓发展”的重要体现。努力打造人人都有人生出彩机会、人人都能有序参与治理、人人都能享有品质生活、人人都能切实感受温度、人人都能拥有归属认同的城市，以更优的供给满足人民需求，用最好的资源服务人民，提供更多的机遇，成就每个人。

曹杨新村秉持“勤劳智慧、团结奉献、传承创新、奋进超越”的曹杨精神，全面推进社区生活圈提升建设行动。从 1951 年开始建设工人新村，到如今“15 分钟社区生活圈行动”，时光流转，以人民为中心的发展思想一以贯之。曹杨“15 分钟社区生活圈行动”以人民群众的需求为导向、以人民群众的智慧为依靠、以人民群众的幸福为目标，多元主体参与，打造社区治理的新格局。

上海杨浦滨江人民城市建设规划展示馆

1.2
“15 分钟社区生活圈行动”

2021 年 11 月 30 日，在“2021 上海城市空间艺术季”闭幕式上，全国 52 个城市共同发布了《“15 分钟社区生活圈”行动 · 上海倡议》(简称《上海倡议》)。其主要内容包括：行动目标、行动愿景和行动策略。

“宜居”

提供可负担、可持续的社区住房供应体系，健康舒适的居住环境，全龄友好的配套设施，保障社区公共卫生、韧性安全，依托智慧手段引领生活方式革新

“宜业”

提倡社区为就业人群创造更多的就业机会，提供更多便捷共享的运动、学习和休闲服务

1.2.1 工作目标

“15 分钟社区生活圈行动”拟着力通过“三个转型”推动人的全面发展和社会全面进步。以人民为中心的理念转型，回应新时代全体市民的诉求和期盼。以多元协作的社区治理转型，打造共建共治共享的治理新格局。以全方位的数字化转型，通过新技术赋能社区生活服务和社区治理创新。

1.2.2 “五宜”—— 一个复合型概念的生活圈

《上海倡议》提出以全体市民的获得感为最高衡量标准，实现“宜居、宜业、宜游、宜学、宜养”的愿景。从“五宜”所提出的具体内容看，每一个方面都围绕居住品质、服务品质、环境品质、文化传承的目标，以居民需求为导向，整体涉及了社区生活的各个方面，旨在整体提升社区生活质量，积极引导新的生活方式。

“宜游”

强调社区休闲空间丰富多样、体验多元，社区出行慢行友好、低碳便捷，社区文脉和风貌得到良好的传承

“宜学”

提供便捷可及的全年龄段学习空间，提升社区文化氛围和人文体验

“宜养”

保障全生命周期的康养生活，实现机构养老更专业、居家养老更舒适

1.2.3 “六共”——一个过程型概念的生活圈

《上海倡议》提出多元主体参与、共同协作治理、持续滚动实施，推进“15 分钟社区生活圈行动”的行动策略，包括：治理机制共创建，社区需求共商议，行动蓝图共绘制，社区家园共建设，建设成果共享用，治理成效共维护。“六共”强调社区更新多元主体全过程、实质性、高效率的参与，充分发挥政府、市场和社会各方的积极性，以促进合作共赢，推进治理政策与机制的创新，提升综合治理能力。

 治理机制共创建	政府部门牵头，统筹整合社区居民、社区规划师、社会组织等各方力量，建立“上下结合、左右贯通”的多元治理机制
 社区需求共商议	精准挖掘居民需求，精准制定社区需求清单，解决社区居民急难愁盼问题
 行动蓝图共绘制	梳理社区空间资源，社区居民、社区规划师和社会各方共同参与蓝图制定，政府部门明确行动计划
 社区家园共建设	引导多元实施主体，共同推进社区建设，广泛引入社会各方力量，组织公众参与活动和募集社会资金。对项目实施进行全过程质量把控，保障实施品质
 建设成果共享用	在舒适的社区空间环境、高品质的设施中，开展丰富多样的社区活动，形成和睦的邻里关系和融洽的社区氛围
治理成效共维护	社区居民共同参与社区公共设施和空间的运营与管理，共同维护建设成果，营造人人关心、支持和参与社区发展的良好氛围

1.2.4 三个认识——全过程，全要素，整体谋划

《上海倡议》的核心是“复合性”和“全过程”两个关键词。也就是说，社区不再是单纯的生活居住功能，而是一个全龄、全方位成长的环境，这在“15 分钟社区生活圈行动”中提出的“宜居、宜业、宜游、宜学、宜养”复合型目标体系及其内涵中有充分的体现。同时，从“15 分钟社区生活圈行动”提出“共创、共商、共绘、共建、共享、共护”的“六共”来看，突出了多方参与，涉及社区更新的全过程。

从规划设计的角度去认识，实施《上海倡议》有三个要点：

（1）在社区更新规划设计与实施治理中，整体规划方案和每一个项目都需要按照“六共”开展多方全过程的参与。也就是说，多方参与、发挥多方积极性、合作共赢的思路覆盖了社区更新的全过程。

（2）在社区更新规划设计与实施治理中，需要强调空间的全要素更新。在一个项目空间范围内把各个不同类型和涉及不同部门或机构的项目组成一个项目包，按一个规划设计方案、一个整体项目协同实施。“五宜”目标愿景的实现是由多个不同类型和涉及不同部门或机构的项目共同构成的，而这些项目绝大多数是在一个空间单元中。如“美丽街道”工程，包括了“三线入地”、路面铺装、道路绿化、沿街建筑立面整治等项目，分属不同部门，与“五宜”均有不同程度的相关性。空间全要素更新、规划一张蓝图、一次性协同实施，可以极大地增强居民的获得感和体验感。

（3）在社区更新规划设计与实施治理中，需要强调局部项目与整体谋划相结合、局部效应与整体效益相结合。不是孤立地研究空间、交通、环境、功能、服务，也不是孤立地考虑某几个更新项目，而是要先谋定一张社区愿景蓝图，在空间上整合各类资源、统筹各方面要素，分年度、按三年或五年甚至更长远的计划，动态更新，局部调整联动整体优化，按规划逐步实施。

1.3
社区问题与城市更新

1.3.1 新时代城市更新

城市更新是针对城市建成区域范围内开展的持续改善城市功能、优化空间布局、提升空间品质的各项活动。城市更新是我国新时代城市发展的一种模式。从广义来看，城市更新从一座城市诞生起就一直持续地发生着。

新时代的城市更新在目标层面是将“以人民为中心”的发展思想贯穿城市更新的始终，首先应该把提供公共性设施和公共性空间的增量和品质作为城市更新的核心目标，同时在问题层面需要以问题为导向着力解决人民群众迫切的需求。在规划中，应以构建“底线保障”和“目标引领”并重的双原则为指导，针对不同的更新对象，不同经济、文化背景的地区和城镇，通过做实做细基础调查，因地制宜地编制规划设计方案。

城市更新包含了空间、功能、环境、文化、社会等多方面的含义和经济、政策、机制等各方面的转变。就空间方面来看，新时代城市更新可以从以下三个方面去理解其新增的含义。首先是强调通过发掘更新地区的特色价值，因地制宜提升空间品质。在关注底线保障基础上，强化生活生产环境的识别性、多样性，关注空间的特色和居民对地方的认同感、归属感。其次是强调对地脉和文脉的尊重与利用。任何一个建成地区都有所依存的自然环境和地形地貌，都有时间积淀的文化遗存、空间体系及其要素。城市更新就是要把这类空间格局和相关的空间要素保持下来，作为“空间底板”融入新的城市空间中，遵循“留、改、拆”的顺序，先将有文化价值、经济价值和社会价值的建筑和空间予以锚固，在空间格局梳理的基础上修补有价值的空间和肌理，充分体现基地和城市各个历史发展阶段的特征，彰显地方性特征。最后是强调充分利用好存量和低效用地及建筑。在提升使用效率的同时，优先考虑转化为城市的公共性场所，提供公益性的服务。

1.3.2 社区面临的问题

城镇老旧社区的基本特征不仅是物质要素的“老”与“旧”，而是它与所谓的“新”住区在空间治理的机制上有本质的不同。

曹杨新村始建于 1951 年，至 20 世纪 80 年代建设完成，形成了一村至九村的整体格局。20 世纪 80 至 90 年代，为了解决突出的住房困难问题，上海市开始大规模旧城改造和住宅建设，曹杨新村开始进入改造和再开发阶段。20 世纪 90 年代末，于 50 年代建造的“两万户”住宅（曹杨二村至曹杨五村）全部拆除，被多、高层商品房小区取代，新村传统天际线和街道风貌被改变。短短十几年间，曹杨环浜的支流河道被填没，住宅建设“见缝插针”，小区和组团绿地规模缩减。

曹杨新村经过约 70 年的建设、发展、改造，与绝大多数的老旧社区一样，普遍存在住房产权混杂、房屋陈旧、违规搭建、公共服务设施和环境品质不高、市政设施老旧、停车困难、物业费低等状况，长期未能合理维护和整体改善，并不同程度地存在安全隐患等空间问题。同时社区居民老龄化、流动化、收入低也是社区更新需要关注的社会课题。

截至 2020 年，曹杨新村虽然基本维持了原有的空间格局，但由于原有的开放型街坊和住宅组团增建了围墙大门，进行封闭管理，使得大部分组团道路被封闭在围墙内，住区的开放性大大降低。随着住房成套改造和小区综合整治的开展，原有的住区风貌格局也被改变。

2020年，上海同济城市规划设计研究院有限公司承担了曹杨新村街道新一轮社区更新规划工作。规划编制组依托多个专业技术团队，以“五宜”为目标框架，为社区“问诊把脉”，聚焦空间品质提升，发现社区主要矛盾和缺口，明确了社区“补短板、锻长板”的工作重点。

（1）宜居方面，居住水平不高

曹杨新村从低密度工人新村住区，历经改革开放、土地管理制度改革、商品房兴起，新村形成了多元住宅类型体系。住宅建筑形式上包括低层、多层、高层，住宅建筑年代上跨越了20世纪50年代至今。

其中老旧住宅的人均居住面积普遍较小。曹杨新村多层住宅集中建设于20世纪50至70年代，受当时社会经济影响，人均居住面积的设计定额仅4平方米。截至2020年，曹杨新村住宅建筑总面积约218万平方米，人均住宅面积约20平方米，远低于当时上海市城镇居民人均住房面积——37.2平方米。套内面积20—60平方米的住宅占整个新村住宅面积区段的68%。

多户公用厨卫是建设于20世纪50年代至70年代的住宅户型的显著特征之一，这种住宅类型已无法满足现代家庭生活的需要。曹杨新村中存在大量这种不成套的住宅，约

曹杨一村优秀历史建筑

曹杨四村售后公房

兰花大楼老旧商品房

枫桥苑高层商品房

曹杨新村各类代表性住宅

20% 的住户没有独立厨卫设施。截至 2017 年年底，整个曹杨新村非成套房屋 153 幢，面积约 25 万平方米，户数 8300 余户，主要包括源园、北岭园、北杨园、兰岭园、南岭园、南杨园、枫岭苑、南溪园等小区。

由于建成年代早、物业费低、室内空间不足等问题导致生活空间外溢，老旧住宅小区普遍存在房屋陈旧、违规搭建、公共服务设施和环境品质不高、市政设施老旧、停车困难等普遍性问题，长期未能合理维护和整体改善，并不同程度地存在安全隐患。

曹杨新村的社区中心集中了曹杨商城、流行线时尚美食广场等大中型商业设施，共同构成了以生活百货、餐饮和服务为主的社区商业中心；以枫桥市场、桂巷市场等社区菜场为中心，形成以零售、餐饮为主要功能的居住区商业；沿兰溪路、梅岭北路、枣阳路等则分布有多组由便利性零售、服务、餐饮等小店形成的邻里商业。整个社区商业设施遍布，可以较好地满足居民近距离消费需求。但曹杨新村整体的商业服务业态较为低端，设施相对陈旧，品类结构比较传统，业态类型和层次有待进一步丰富。

曹杨新村住宅建造年代与改造进度分布图（2020 年）

（2）宜业方面，产居融合较弱

从土地使用角度看，曹杨社区住宅与产业用地总量基本平衡。从产业片区发展视角看，达到产居融合目标须满足“产业用地和居住用地的比例达 1∶2 以上”，曹杨新村街道产业用地和居住用地的比例约 1∶3.8，为武宁创新轴核心段发展提供了充足的支撑；从居住片区视角看，有相关城市研究提出，产居融合的城市片区“单一片区内建设用地中居住用地比重一般不超过 50%”，曹杨新村街道住宅组团用地占总用地比例约 51%，非常接近这一特征。

一方面，从经济发展与就业人口总量角度看，曹杨新村街道企业总量位居普陀区各街镇中位（6/10），2018 年年底，辖区企业总量约 2400 家，就业人口约 3 万人；截至 2020 年，辖区企业总量提升至 3500 家，其中规模以上企业约 110 家。通过人口年龄结构分析和劳动力参与率修正，曹杨新村街道职住比名义指数测算约 0.95。从总体数量来看，较好地满足了职住均衡的基本要求。

普陀区第二产业和第三产业法人单位分布情况一览表

项目	基本单位		法人单位		法人单位分支机构	
	数量（个）	比重（%）	数量（个）	比重（%）	数量（个）	比重（%）
总计	29735	100.0	24919	100.0	4816	100.0
曹杨新村街道	2373	8.0	2076	8.3	297	6.2
长风新村街道	4730	15.9	3613	14.5	1117	23.2
长寿路街道	6197	20.8	5294	21.2	903	18.8
甘泉路街道	1499	5.1	1225	4.9	274	5.7
石泉路街道	1298	4.4	1018	4.1	280	5.8
宜川路街道	1471	4.9	1256	5.1	215	4.5
万里街道	1224	4.1	1038	4.2	186	3.9
真如镇街道	2565	8.6	2204	8.8	361	7.5
长征镇	5178	17.4	4256	17.1	922	19.1
桃浦镇	3200	10.8	2939	11.8	261	5.4

数据来源：上海市普陀区第四次经济普查主要数据公报（普查标准时点为 2018 年 12 月 31 日）。

另一方面，曹杨新村在空间布局上体现出就业空间分布不均衡的特征。随着上海市中心城区退二进三，新村内原有工厂被迁出，形成了高建设强度的商品房住宅小区。如今的曹杨新村街道，以曹杨路为界，形成西侧以生活服务业为主的传统意义的曹杨新村以及东侧以大院、大所为主的科技办公和商务功能的武宁创新轴核心段。曹杨路以西产业用地占比仅11%，东侧产业用地占比约72%，东、西两片公共服务设施各自独立配置，受曹杨路大流量机动车交通阻隔，两侧慢行联系不畅，空间和设施难以共享，人群之间缺乏交往与互动。

上海电器科学研究院

曹杨星工厂

曹杨新村就业空间分布现状图（2020年）

（3）宜游方面，公共空间待提升

曹杨新村按照原规划建成初期，人均绿地面积约 10 平方米，堪称花园中的住区。随着后期“见缝插针”的开发方式，曹杨新村新增建设占用了大量原有水系、绿地和公共活动场地，建设密度大幅提高的同时伴随着人口的成倍增长，现状人均公共绿地面积不足 1 平方米，公共开放空间总量偏低。

沿曹杨环浜有曹杨公园、兰溪青年公园、枣阳公园三处社区级公园，公共空间结构基本延续了原有蓝绿空间的格局，但原有环浜开放空间被大量新增的办公设施、市政设施挤压，局部岸线被纳入沿线居住小区、单位内院，造成滨水空间可达性不足，无法形成连贯畅通的滨水休闲空间。

除三处社区公园为新近更新改造外，整个曹杨新村绿化品质不高。新村随处可见的街头绿地、滨水绿地、社区内部组团绿地内，植物配置单一，缺乏观赏性与艺术性，可进入性不足，并不同程度地呈现出长期缺乏维护的状态。部分住区内的组团绿地遭到停车、晾晒、种菜等人为活动的破坏。

慢行网络不畅。曹杨新村形成了核心地区小街坊、外围大街坊的特征，以曹杨二村、七村所在的街坊为例，东西向约 750 米，南北向约 270 米。在曹杨新村最初建成、完全

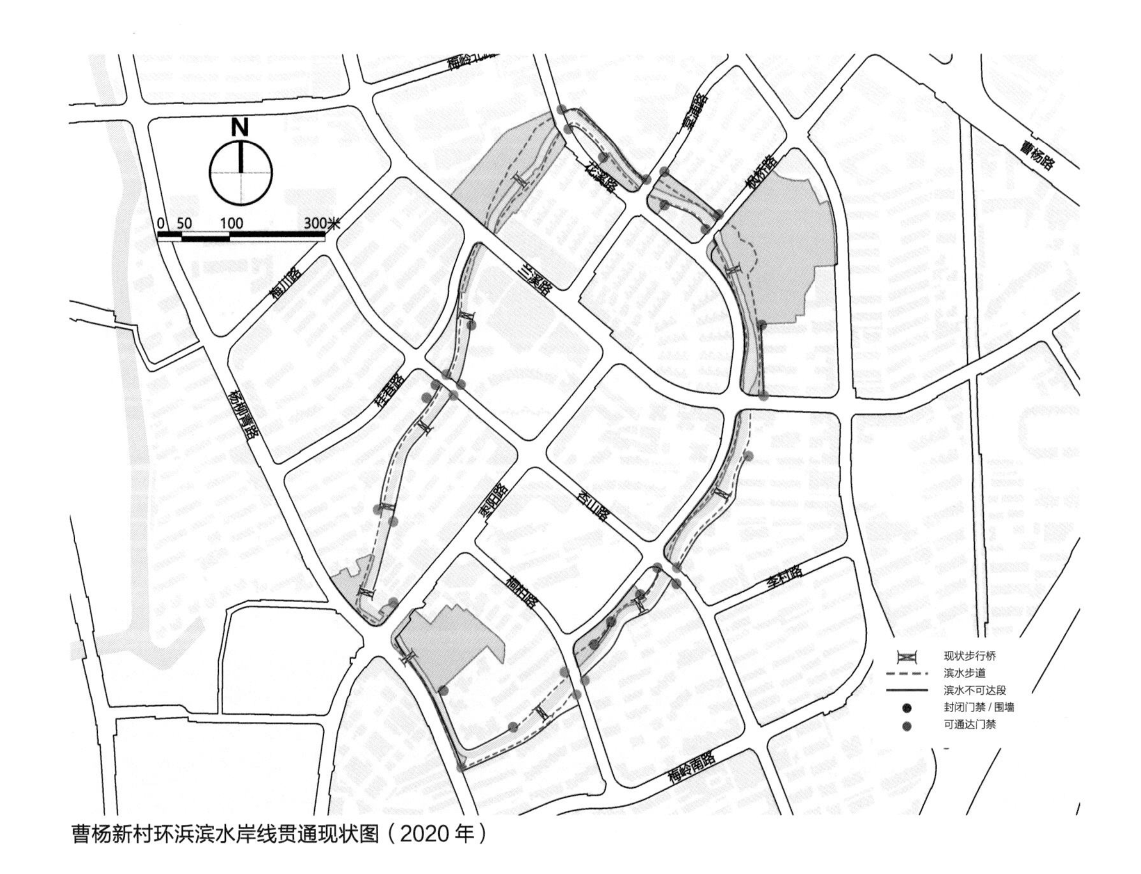

曹杨新村环浜滨水岸线贯通现状图（2020 年）

开放时，这样的街坊尺度并不影响居民在其中方便地穿行。20 世纪 90 年代纷纷建起的围墙阻断了原有内部慢行公共通道，迫使内部穿行转变为外部绕行，过大的街坊就对居民通行造成了不便。

慢行环境与体验下降。“窄路”原本是曹杨新村的空间特色之一，受交通机动化的冲击，停车需求挤占了大量通行空间，各类市政杆、箱以及行道树也挤在道路两侧，人行道无法保障有效通行空间的连续性。市政道路和住宅组团内通道均普遍存在铺装老旧破损、无障碍设施不完善、人文景观要素相对匮乏等问题。

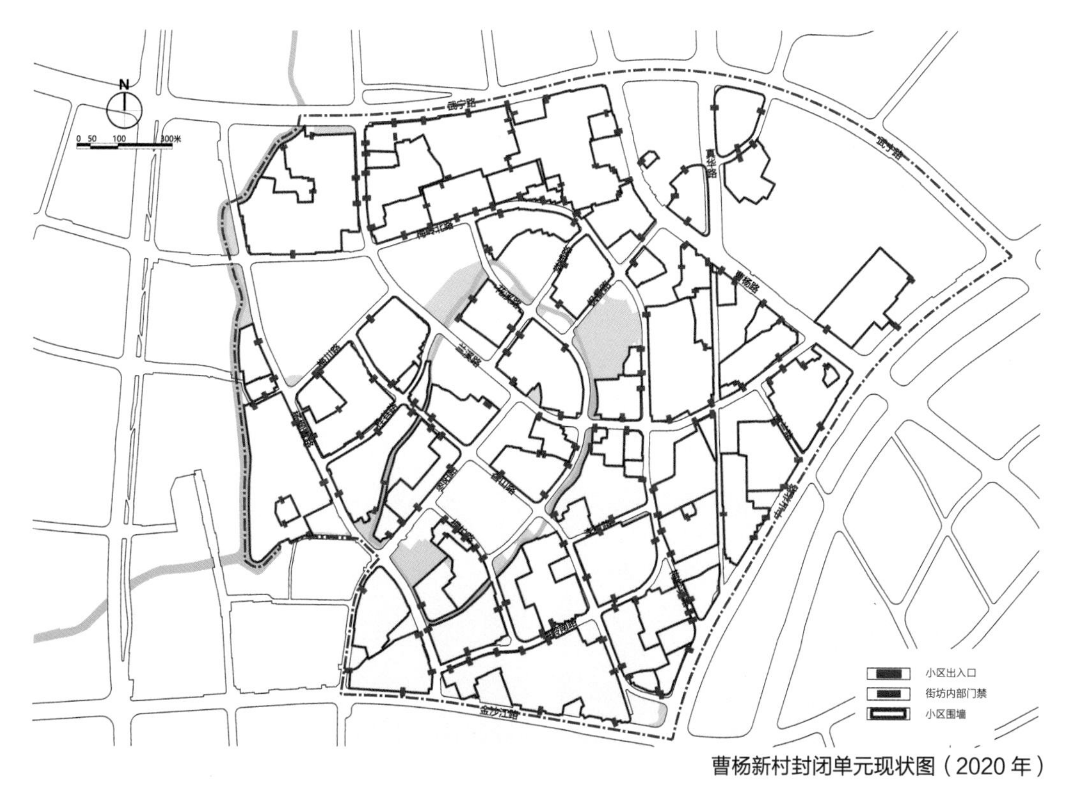

曹杨新村封闭单元现状图（2020 年）

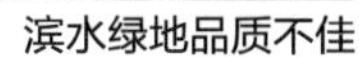
滨水绿地品质不佳

围墙门禁阻断内部慢行公共通道

（4）宜学方面，校社联动需要强化

曹杨新村教育设施基础条件较好，各类教育设施、文化设施占地面积约 19.70 公顷，占社区总用地比例约 9.45%。其中，公共文化建筑总面积约 49900 平方米，人均公共文化设施建筑面积达 0.45 平方米，远高于 2021 年上海市 0.2 平方米人均公共文化设施水平。

各类教育文化设施等级、水平较高，集聚了以上海市曹杨第二中学（简称曹杨二中）、上海市实验幼儿园为代表的高水平基础教育资源，并坐落有普陀区业余大学、普陀区文化馆、普陀区少年城等区级文化资源，以及曹杨影城、曹杨新村村史馆等独具特色的人文场馆。

曹杨新村社区整体学习氛围浓厚，具有终身学习的传统。1964 年即成立了全市第一支“老妈妈合唱队”，1996 年成立了全市第一家“中小学科技爱好者俱乐部”，坐落于社区内的上海市地震局与曹杨社区、兴陇中学合作共建了防灾减灾科普体验馆。

但曹杨新村仍然存在校区与社区资源整合共享程度有限、互动共建活动单一等问题，尤其体现在开放大学等优质教育资源对本地社区的开放和服务不足，社区文化中心、村史馆等社区文化设施相对陈旧，对本地教育发展的支持有限，社区与校区联动方面仍有提升空间。

普陀区文化馆

普陀区少年城

普陀区业余大学

上海市曹杨第二中学

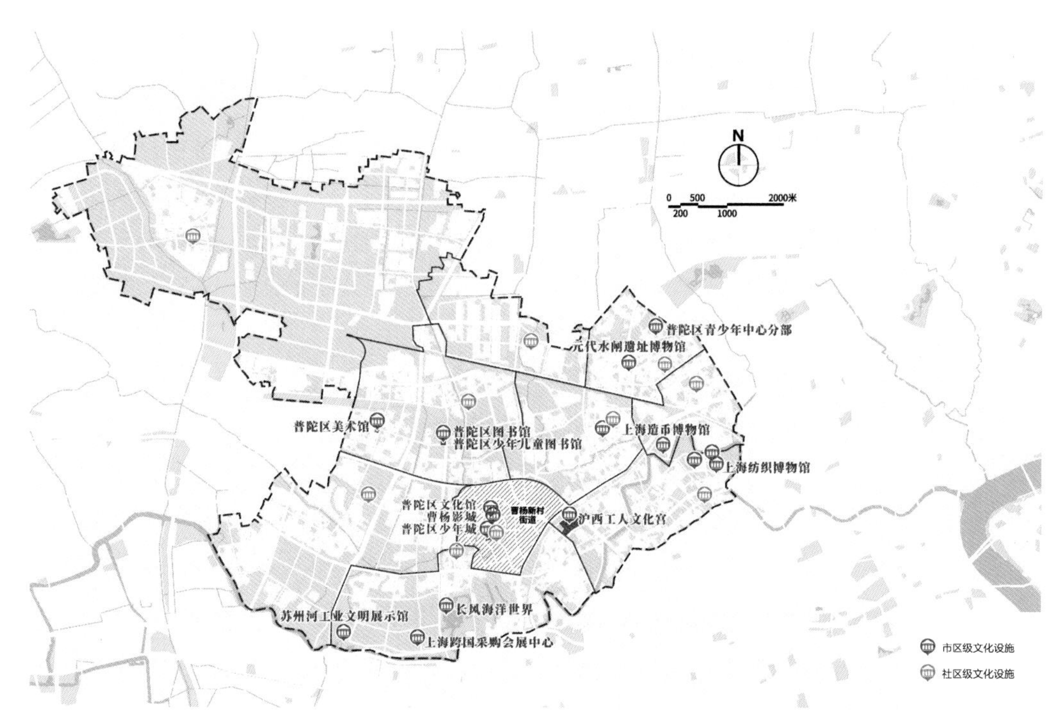

上海市普陀区公共文化设施分布现状图（2020 年）

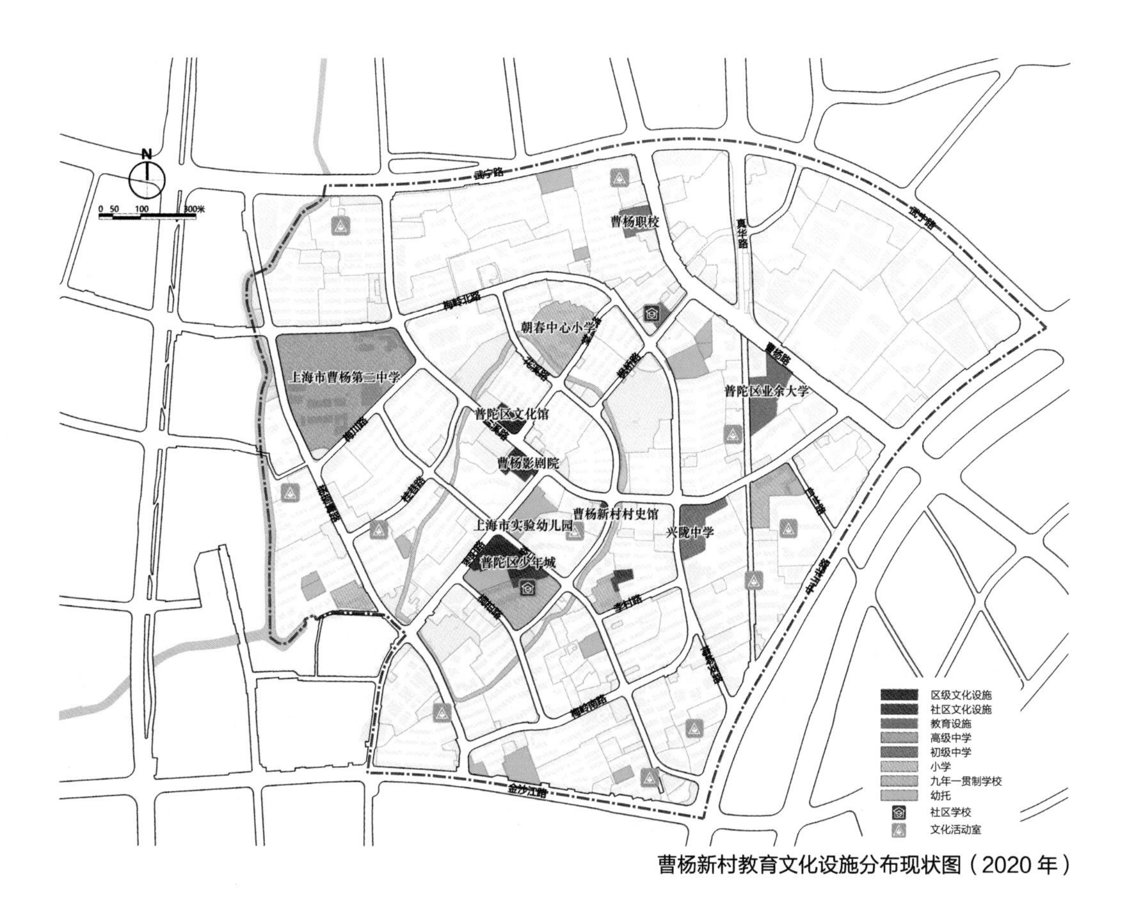

曹杨新村教育文化设施分布现状图（2020 年）

（5）宜养方面，服务品质不高

曹杨新村医疗公共服务设施资源较好。从服务水平来看，区级公共服务设施——上海市普陀区中心医院坐落于曹杨新村中部，基本满足整个社区范围内 15 分钟步行可达全覆盖。此外还有曹杨街道社区卫生服务中心（曹杨红十字地段医院）、卫生服务站等构成多层次卫生服务体系，兰溪路中段街道社会组织服务中心、慈善超市、优抚之家等组织共同形成“公益一条街”。从建设规模来看，曹杨新村各类医疗、养老设施占地面积约 3.44 公顷，占总用地比例约 1.6%，高于一般配置标准，但人均用地面积仅 0.31 平方米，低于上海市 2019 年人均医疗卫生设施用地 0.5 平方米。

社区老龄化程度高，养老设施服务覆盖存在局部的缺口。截至 2020 年 12 月底，曹杨新村常住人口为 10.7 万，街道户籍人口 8.6 万，其中 60 周岁以上老年人口数为 3.7 万，占比为 43%，是一个超级老龄化社区。相比之下，现状仅有两处小型敬老院，建筑面积均不足 2000 平方米，公用活动设施与场地局促；针对老年人日常出行半径更小的特征，日间照料中心、公共卫生间等服务设施覆盖不足；无障碍设施等各类设施针对老年人生理需求方面的精细化设计有待提升。社区养老服务和公共空间无障碍设计均无法满足现代老龄化社区的日常生活需求。

普陀区中心医院

曹杨社区卫生服务中心

久龄家园

“公益一条街”

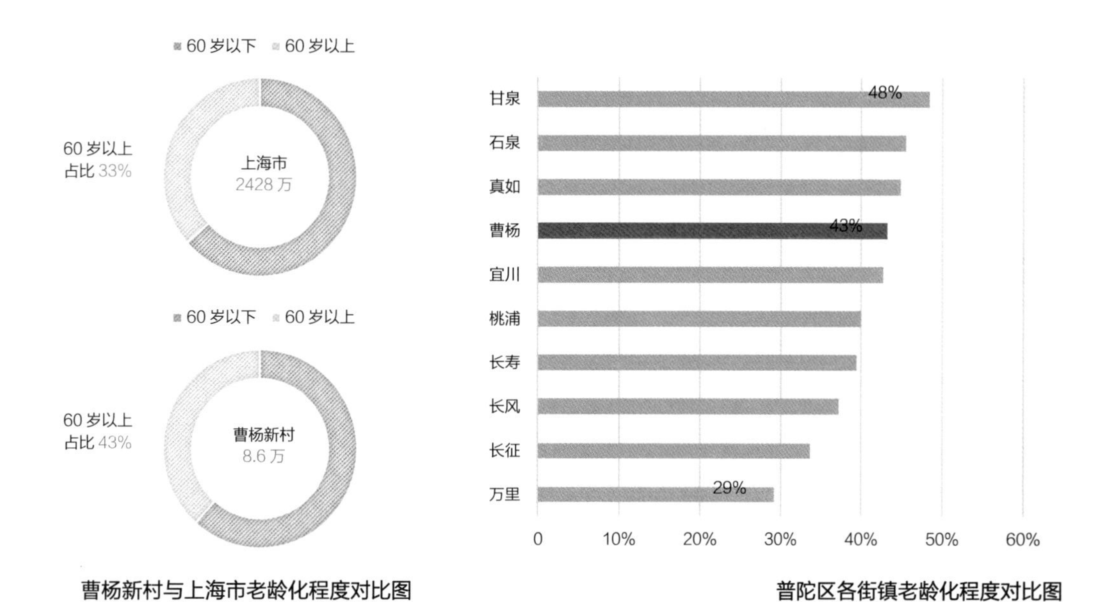

曹杨新村与上海市老龄化程度对比图

普陀区各街镇老龄化程度对比图

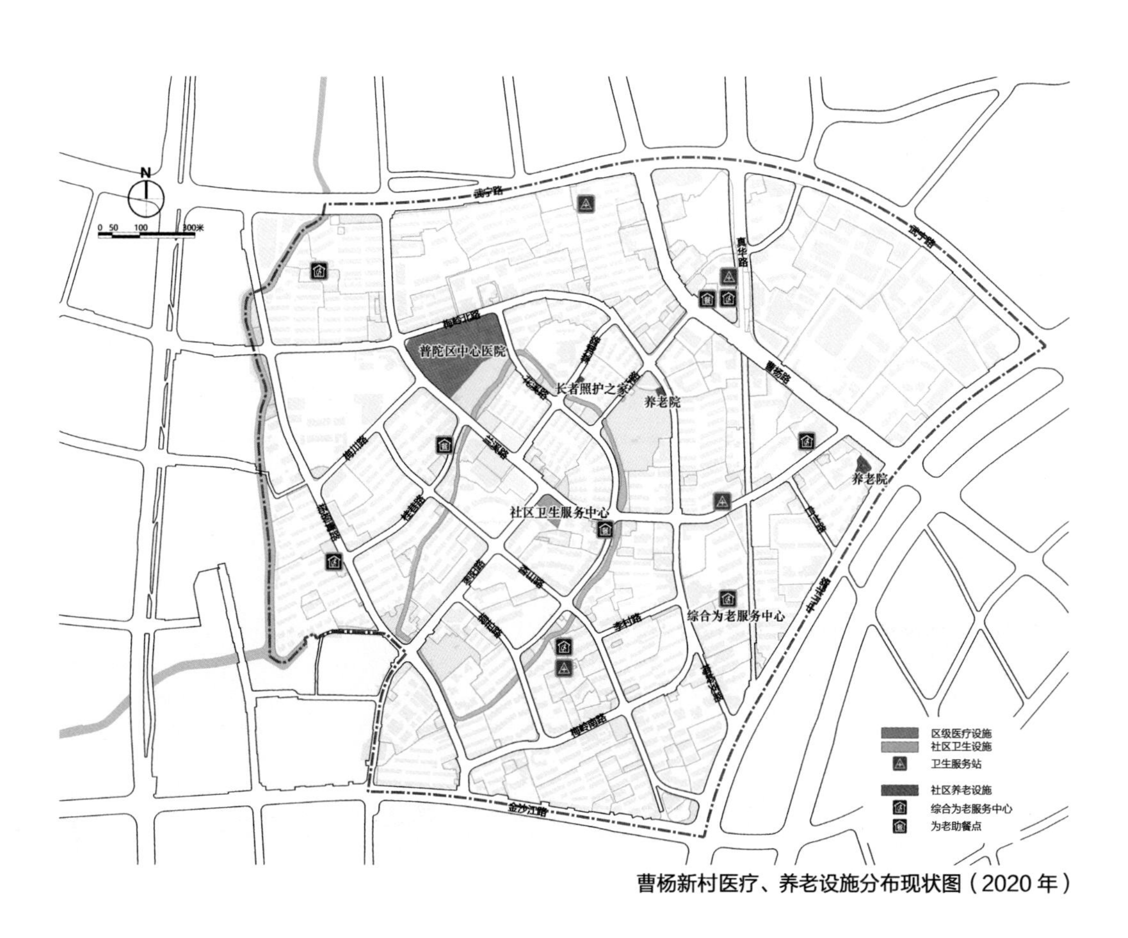

曹杨新村医疗、养老设施分布现状图（2020 年）

2 特色：曹杨价值

曹杨新村是新中国第一个工人新村，把“邻里单位”理论贯穿在曹杨新村的规划中。今天，曹杨新村“邻里单位”的空间格局保存完好，同时还留存了许多工人新村居民日常生活的场所。曹杨一村是劳模新村，是上海市优秀历史建筑，是劳模文化的载体；曹杨环浜是一条自然河道，是曹杨新村最重要的空间结构要素，通过保留原河道，因地制宜，顺势而为，形成环浜和周边“弯窄密”的林荫道路；曹杨一村、红桥、曹杨公园、曹杨二中、曹杨邮局、曹杨影剧院、文化馆和邻里活动场地等都是曹杨新村居民重要的集体记忆点。完整的空间结构、独特的历史文化、丰富的集体记忆、强烈的居民认同，这些特色就是曹杨新村的价值和发展资源。

2.1
劳模文化

曹杨新村是新中国成立后兴建的第一个工人新村。新中国成立后，上海市政府遵照党中央和国家领导人要关心工人居住条件的有关指示，陈毅市长在上海第二届各界人民代表大会第二次会议上提出，市政建设要“为生产服务，为劳动人民服务，首先是为工人阶级服务”，要“有重点地修理和建设工人住宅”。工人住宅建设被列为当年上海市重点工作任务。

市政府工作组市政建设小组实地考察后，提出中山北路以北、曹杨路两侧是比较理想的建设地点，上海市政府随即调拨资金征地，开始修建工人住宅。根据《上海通志》记载，1951 年 5 月，上海第一任市长陈毅同志亲自批准曹杨新村的选址和建设。

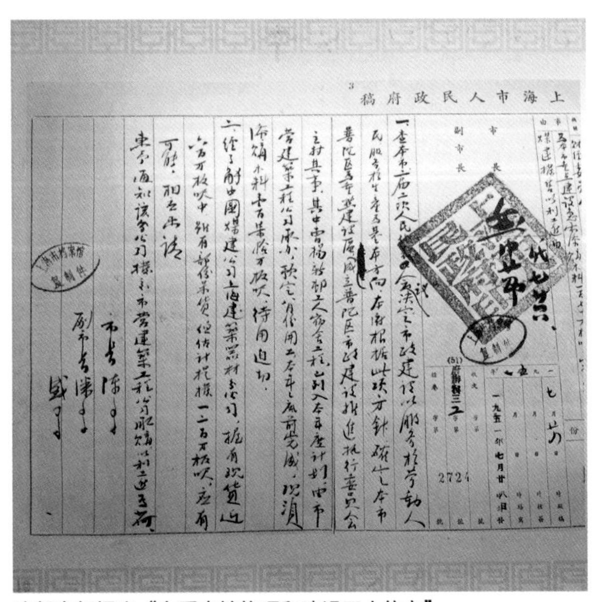
上海市人民政府稿

陈毅市长提出“有重点地修理和建设工人住宅”

当时，上海市政府专门成立了“上海市工人住宅建筑委员会”，由副市长潘汉年主持，统一筹划全市建筑工房的各项工作，市工务局局长赵祖康兼任普陀区市政工程建设推进执行委员会主任委员。金经昌先生、汪定曾先生等制定了曹杨新村的规划方案，华东建筑工业部建筑设计公司（即华东建筑设计研究院的前身）负责建筑单体设计，市政府公共房屋管理处负责施工图，市营建筑工程公司承担房屋建筑，公共建筑分别由各有关部门承建。

1951 年 9 月，曹杨新村动工修建。同年 10 月 29 日，《劳动报》以头版画刊报道了这件“上海工人的大喜事”。报道曹杨新村动工时的火热景象，包括正在建造中的工房全景、设计模型及建筑工人们忙碌的身影。报道热情洋溢而充满欣喜之情：“人民政府时时刻刻都关心我们工人的生活，在财政经济刚刚好转的时候，就设法帮助上海工人解决

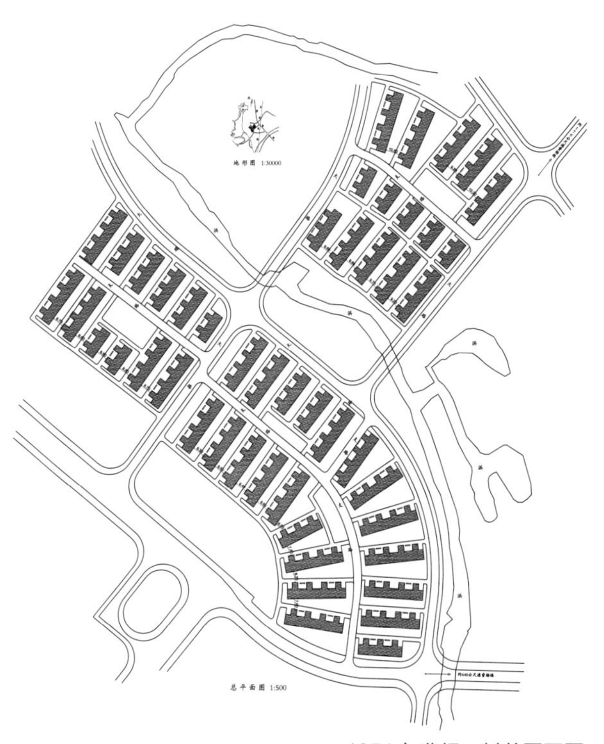

1951 年曹杨一村总平面图

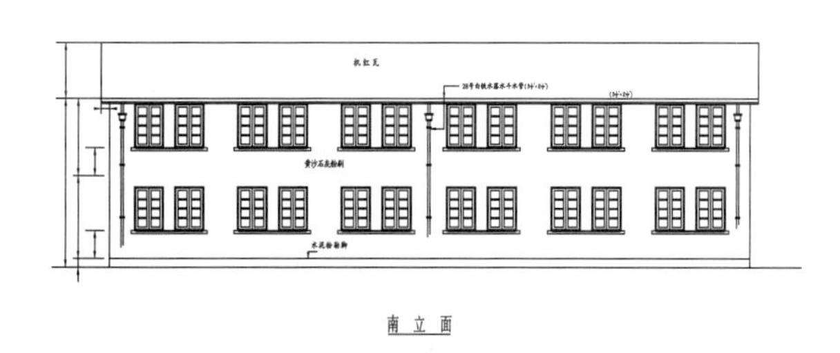

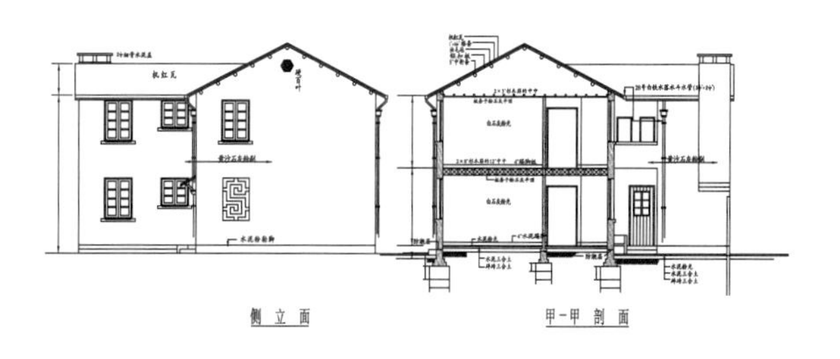

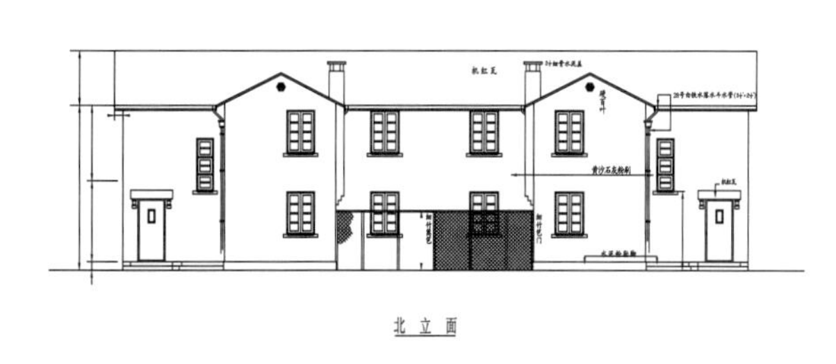

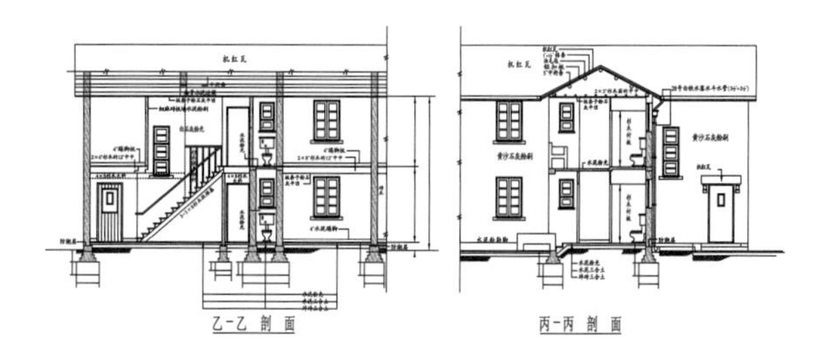

1951 年曹杨一村住宅立面图与剖面图

最迫切需要的房子问题，已在沪西动工建造规模很大的工人住宅。这实在是上海工人的大喜事。事实证明，解放以后的工人阶级，依靠自己的劳动，生活将一天比一天好起来。”

1952年竣工了首批建设的48幢、167单元、1002户住房。6月末的一天，曹杨一村大门口敲锣打鼓，红旗招展，灯笼与横幅高高挂起，随风飘扬的横幅上写着：“欢迎生产先进者迁入曹杨新村”。

在当时，入住曹杨新村是一件非常光荣的事。首批1002户工人家庭来自217个纺织厂和五金厂，分布在普陀、闸北、长宁三个区，每个厂平均只能分到四五套住房。以申新九厂为例，在5926名职工中选出120名候选人，再通过评议确定入住新村的居民28人，占全厂职工人数的0.5%。由于名额极其有限，最后入选的往往是各厂在政治思想和业务能力两方面表现都优异的一线工人、劳动模范和先进工作者。

生产先进者入住曹杨新村

曹杨新村成为一个样板，工人们有了明确的盼头。在住房条件普遍极差、滚地龙遍布的 20 世纪 50 年代初，曹杨新村无疑极具吸引力，住进工人新村让很多人向往、羡慕。首批住户被当作最为真切的榜样，向自己身边的工友们展现着生活的光明前景：让我们一起好好生产建设，用心积极生产，大家将来都能住上这样的房子。

按照政府“分配工作要首先做好宣传”的要求，通过住房分配帮助职工树立“三个观念”：一是生产观念——曹杨新村是我们劳动的果实，搞（履行）好生产合同，建设富强祖国的美好生活；二是集体观念——一人住新村，全厂都光荣；三是感恩观念——人民政府为人民，感谢毛主席，感谢共产党，支持志愿军抗美援朝，保卫世界持久和平。

通过评选和奖励，工人在自主性、政治敏感度和参与企业生产方面表现出共产主义意识。国家、单位、工人共同构建了劳模行为准则，将“奉献”内化为工人阶级的一种精神。

《不断跃进的裔式娟小组》连环画

生产先进者入住曹杨新村

生产先进者居永康入住曹杨新村

2.2 规划思想

2.2.1 “统一规划、统一建造”的住区建设模式

曹杨新村是上海社会主义公房体系的开端之作。作为计划经济下建设起来的住区，其建设过程充分体现了社会主义城市公房体系的“四统一”原则，即由政府出资，按照“统一投资、统一建设、统一分配、统一管理”的模式，为工人群体建造公共住宅。

建造方面，人民政府对上海房地产业进行公私合营改造，先后成立了“上海市建筑工程局”和“华东建筑工业部”两大国营建造企业，其中华东建筑工业部承担了1952—1956年工人新村建设的主要工作。分配方面，1952年开始将新建公房的分配方式调整为企事业单位提出住房面积需求，逐级上报市房地局，房地局汇总平衡后下达分配面积，再由单位民主评议分给员工。管理方面，房屋全部由房管所管理。

随着计划经济体制的建立，为福利住房体制的形成奠定了基础。1956年5月8日，国务院颁布了《关于加强新工业区和新工业城市建设工作几个问题的决定》，强调“为了使新工业城市和工人镇的住宅和商店、学校等文化设施建设经济合理，应逐步实现统一规划、统一设计、统一投资、统一建设、统一分配和统一管理”，即“六统一”办法。

2.2.2 职住相辅的规划概念

曹杨新村的选址是“全面而谨慎”的。秉持“先生产后生活”这一原则和“培育新生活”的目标，曹杨新村选址于普陀区西侧、苏州河北岸的一片开阔农地，属于沪西工业区外围的待城市化区域。选址报告中，专家们指出，曹杨地区作为工人住宅基地的突出优势中最重要的是“新村的位置远离市区却靠近沪西工业区，疏解市区人口的同时，又可以方便工人上下班”。工人新村作为配合工业区发展的生产服务配套设施，靠近生产地点，满足工人的住房需求。

同时，在曹杨新村9个村之间布置小型工业生产设施，形成曹杨新村与附近工厂职住均衡的功能布局特征。“以厂为家”“舍小家为大家”成为工人新村的生活方式。

劳动报

加强抗美援朝工作 保卫我们的幸福生活

囍

上海工人的大喜事！

——人民政府市政建设为工人服务

劳动报

中国工人第一村

70载见证光荣与梦想

长三角优化营商环境立功竞赛在沪举办

三省一市20支队伍同场竞技

曹杨新村 70 年前后《劳动报》专题报道

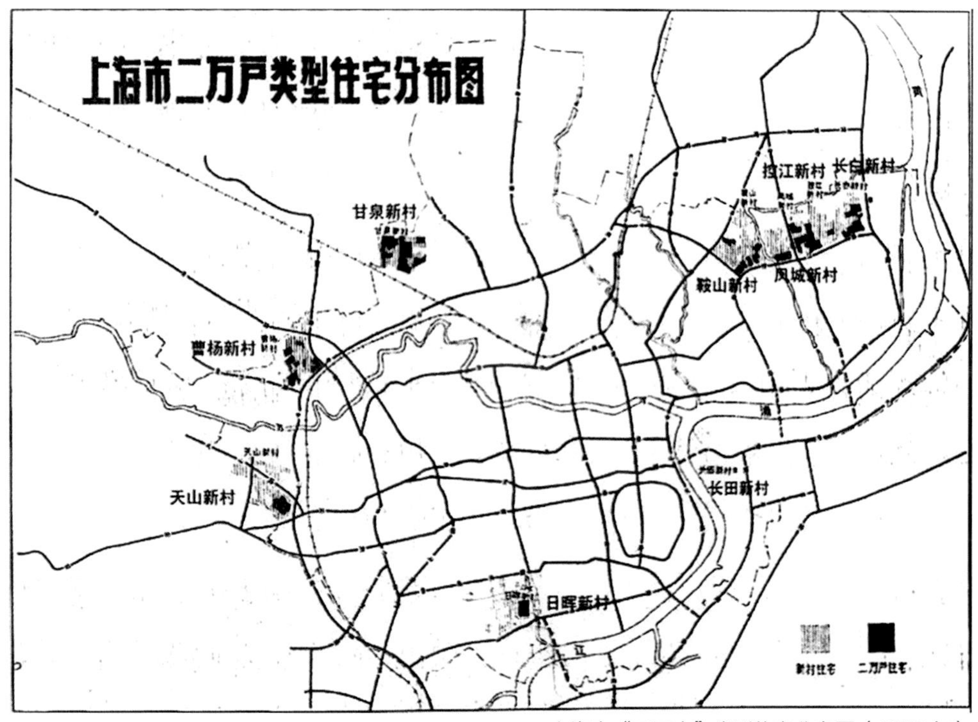

上海市“二万户”类型住宅分布图（1952 年）

2.2.3 “邻里单位”模式的规划实践

“邻里单位”（Neighborhood Unit）由美国克拉伦斯·佩里（Clarence Perry）于 1929 年提出，并逐步成为战后美国郊区社区规划的主导模式。这种规划模式是对美国私人小汽车时代、城市郊区化，以及中产阶级生活方式的一种应对。

佩里在 1929 年《纽约区域规划与它的环境》（*Regional Planning of New York and Its Environs*）一书中系统地阐述了“邻里单位”的规划思想。这一思想下的社区规划包含 6 个核心要素：规模、边界、开敞空间、公共设施区位、地方商店和内部街道系统。邻里单位规模由小学的服务规模和半径确定，且学生上学步行，不穿越城市道路。邻里单位边界是大容量的城市干路，从中心至边缘大约 5 分钟步行距离。通过步行网络系统将住宅与小学、休闲设施和少量的社区商业等相互联系，并形成一个开放空间体系。学校和其他公共服务设施置于邻里中心，以丰富居民的公共生活，促进社会交往，密切邻里关系。邻里商店位于邻里周边，与社区相邻。内部交通采用环绕模式，避免由于汽车的迅速增

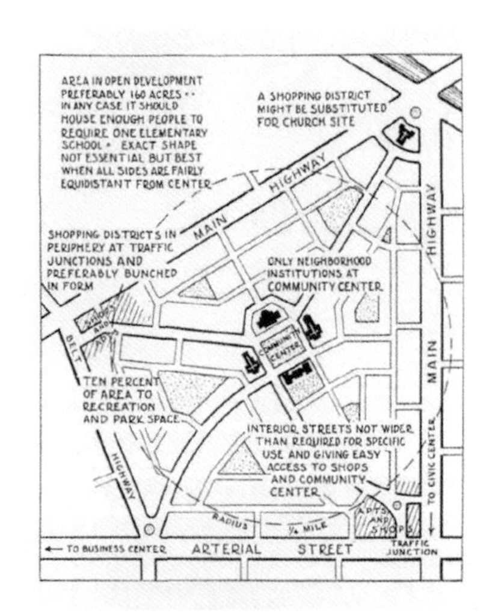

佩里的“邻里单位”图解

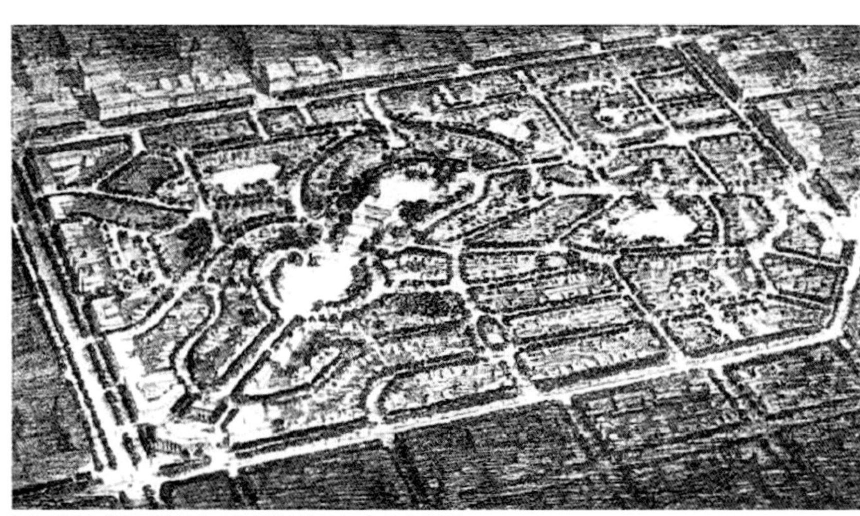
佩里遵循“邻里单位”原则设计的住区方案鸟瞰图

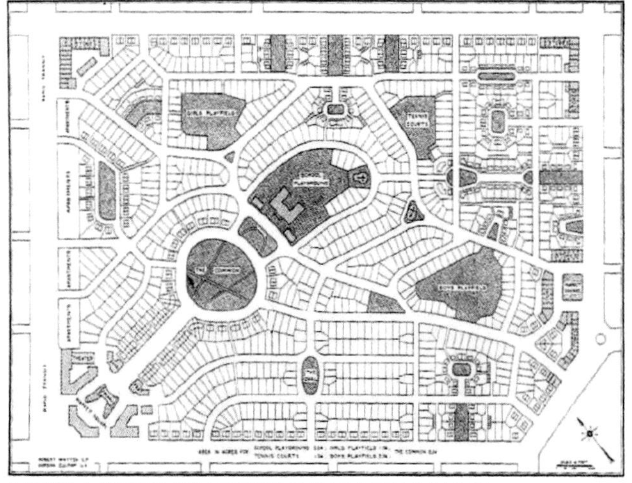
佩里遵循“邻里单位”原则设计的住区方案地块划分图

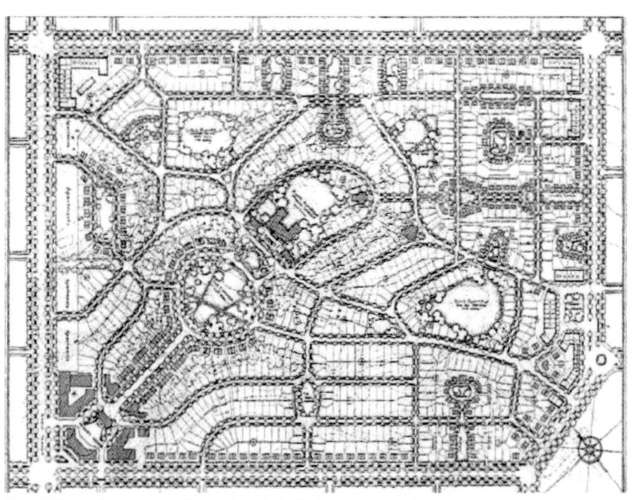
佩里遵循“邻里单位”原则设计的住区方案建筑布局图

长给居住环境带来的严重干扰。

在此基础上，佩里绘制了一个“邻里单位”原则的抽象图解，并从地块划分、建筑布局、鸟瞰总体效果等层面提供了一套住区图式。

曹杨新村规划中采用了当时国际建筑界流行的“邻里单位”规划原则。这一规划设计理念在当时具有先进性和超前意识，是我国第一个以现代“邻里单位”规划理论完整建造起来的大型住区，在居住区内部空间组织、与自然环境结合和公共服务设施配套布局方面都相当成功。

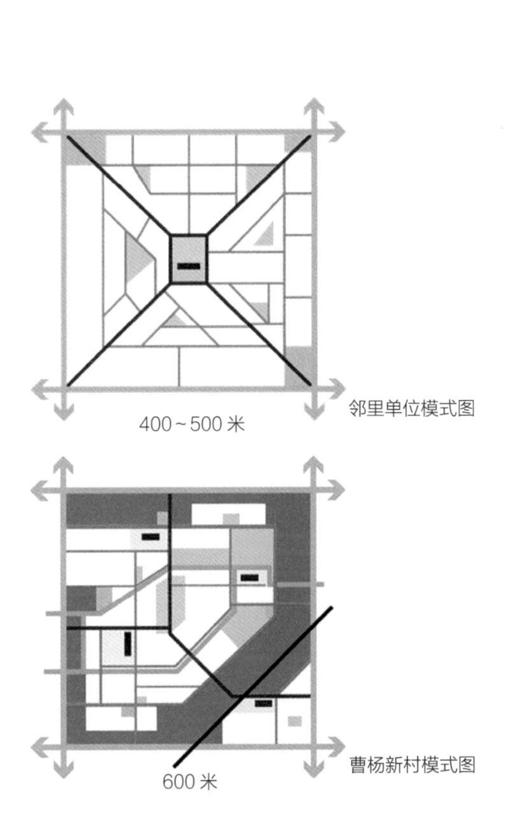

邻里单位模式图

曹杨新村模式图

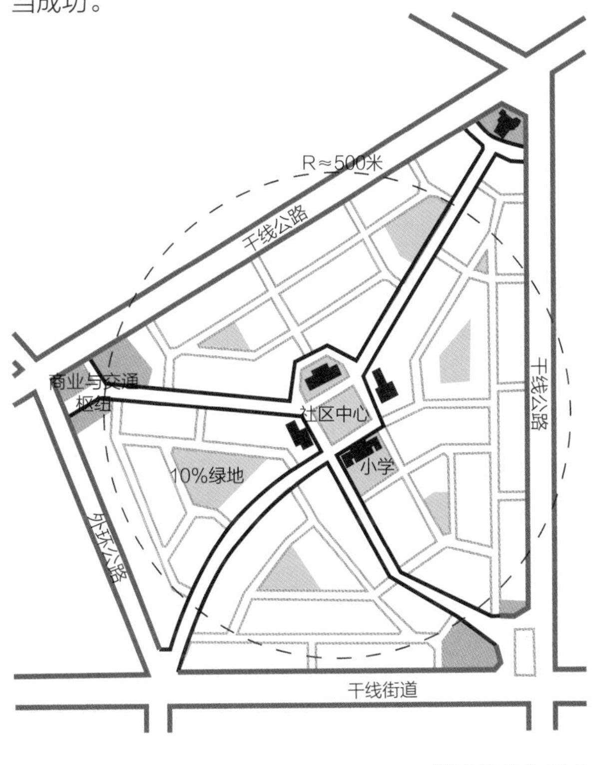

“邻里单位”图示

新村的总体规划不能否認是帶有鄰里單位思想的（見圖 1 和圖 2），新村总面積为 94.63 公頃，半徑約为 0.6 公里，从边緣步行至中心約在 7—8 分鐘左右，中心設立各項公共建筑，如合作社、邮局、銀行和文化館等。在新村边緣分設小菜場及合作社分銷店，便利居民在住宅附近購買日用品，小学及幼兒園不設在街坊內而是平均分佈於新村的独立地段內，小孩入学由家中至学校不超过十分鐘步行时間，这样不致妨碍街坊的居住安寧，同时学校也能有足够的活动場址。新村的人口是比一般鄰里單位的人口为大，实际上，它已是一个小住宅区的规模，这是考慮为了維持一定规模的公共建筑和居民經济情况而擬定的。

汪定曾（1913—2014）撰文介绍当年规划

2.2.4 “15 分钟社区生活圈”雏形

曹杨新村较完整地体现了“邻里单位”的空间结构。以城市主干路为边界，半径约 600 米；保留场地内遍布的小河，增加绿化，建设均衡分布的公共开敞空间；社区中心规划建设各项公共建筑，包括商场、派出所、银行、邮局、文化宫、合作社、食堂、卫生所及影剧院，等等。在社区中心周边住区分设菜场及合作社分销店；内部采用“弯窄密”的自由式道路布局，形成 C+Y 形的社区主路和“通而不畅”的道路系统；以 Y 形干路和铁路为界，分为四处片区，每片区分别布置一处小学，并在各个象限内根据人口均衡布局公共服务设施。居民无论游憩、就医或是购物，步行时间都在 10 分钟以内，充分体现了“邻里单位”规划理论的要义，对我国后续居住区规划设计和建设产生了深远影响，既是曹杨新村的空间特色，也可以说是“15 分钟社区生活圈”的雏形。

汪定曾先生指出，曹杨新村形成了一个完整的“居住区”。整个新村（大住宅区）在空间规划结构上分为 8 个村（小区），每个小区由若干街坊群构成，街坊里有若干居住组团，分别对应街道、村委会、工区、小组四级基层行政组织。这种结构构成了以工人新村为代表的新中国城市住区规划的典型特征。

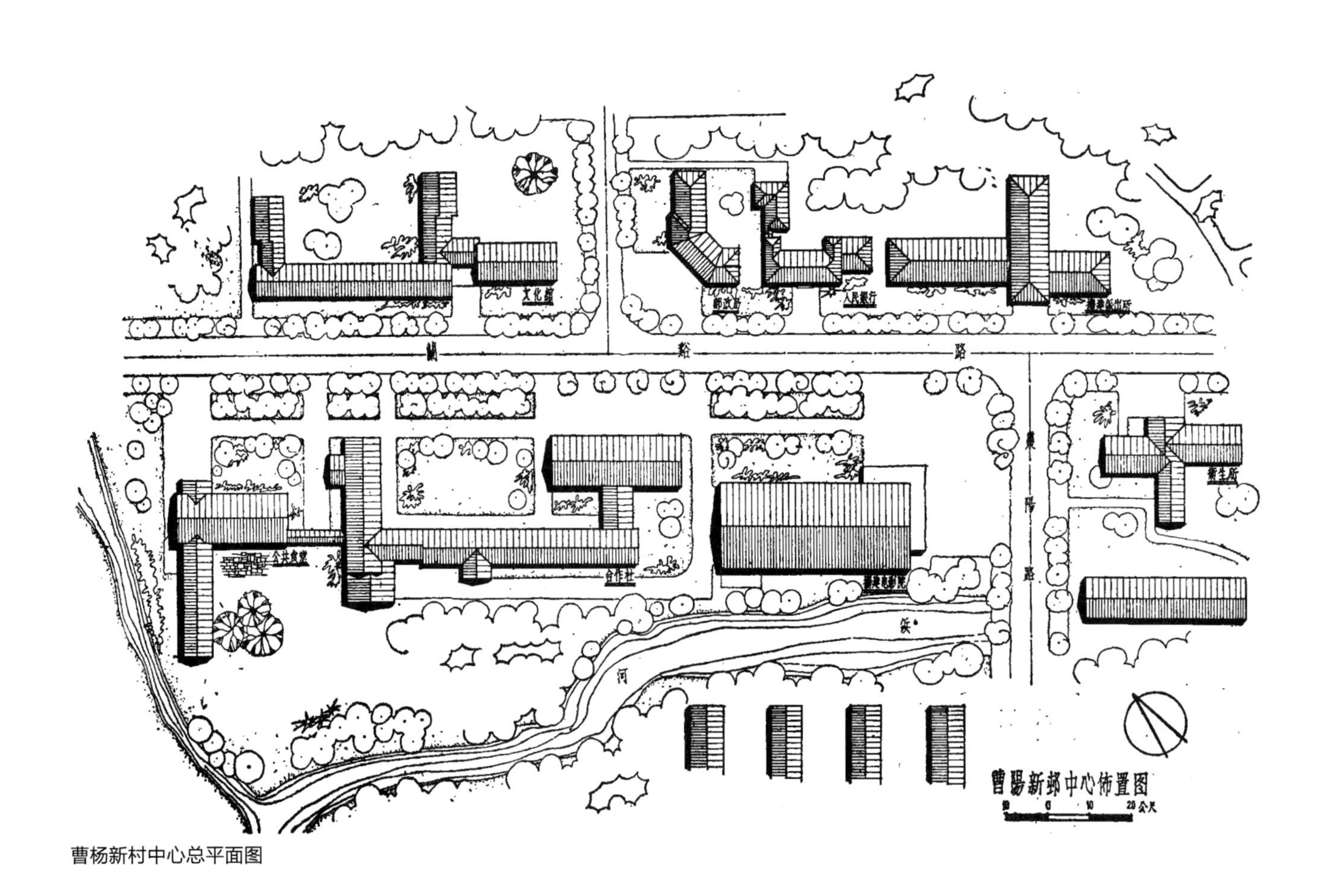

曹杨新村中心总平面图

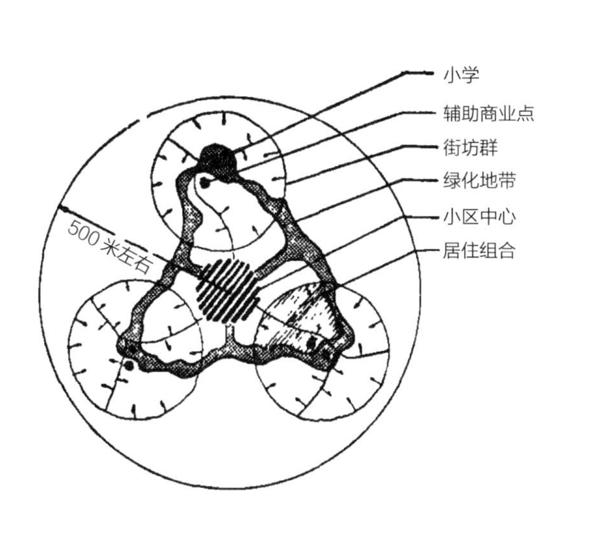

小区组织示意图

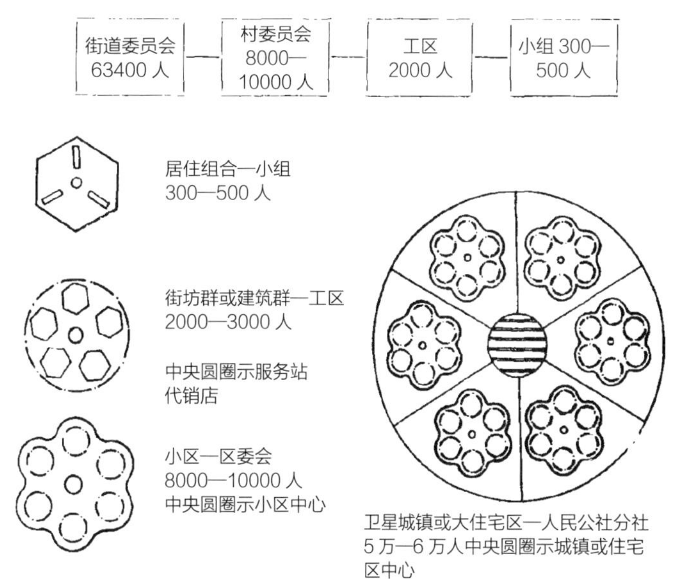

曹杨新村行政组织与住宅区规划结构示意图

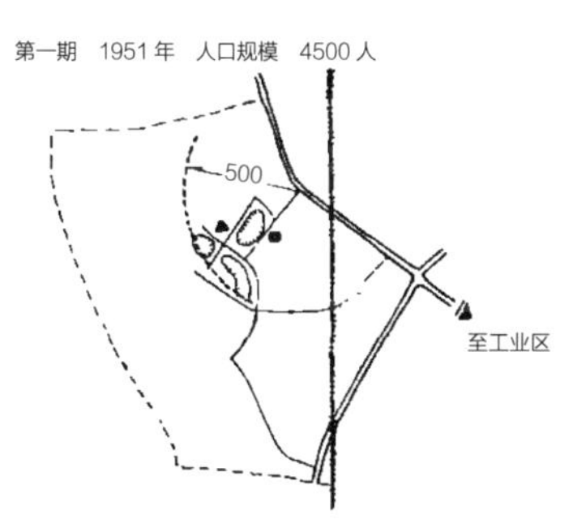

曹杨新村一期工程建设范围示意图

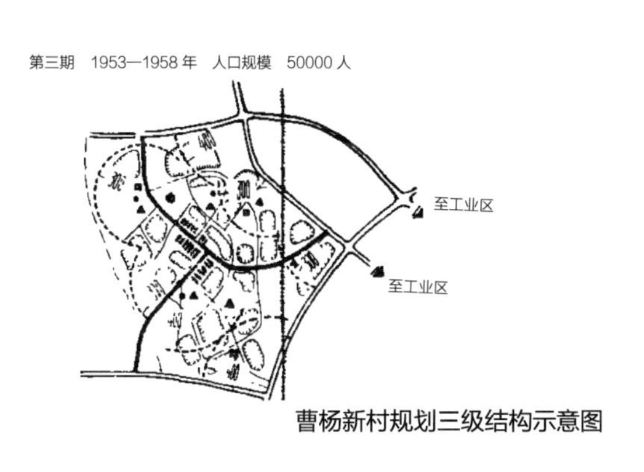

曹杨新村规划三级结构示意图

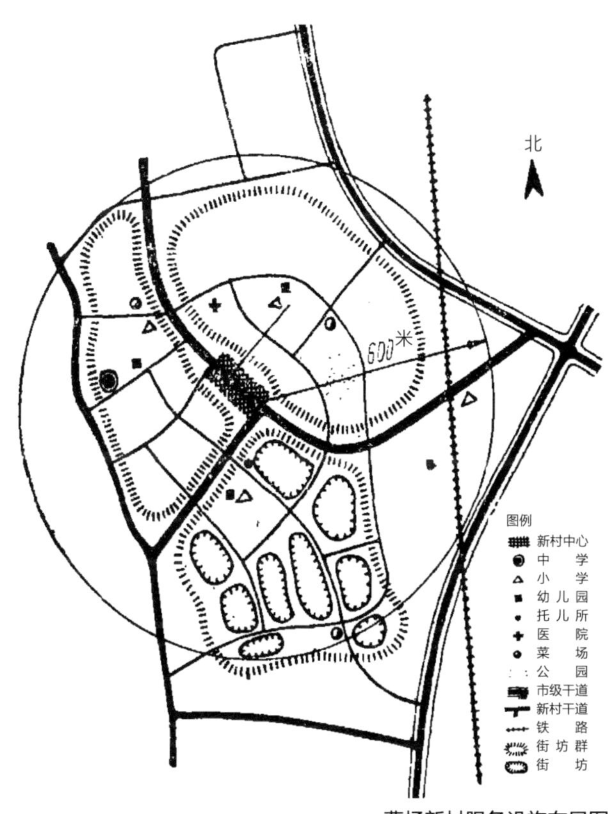

曹杨新村服务设施布局图

相比“邻里单位”模式，曹杨新村规划在理论模型基础上配置了更多公共服务设施。不同于美国中产阶级独立住宅与私人小汽车的生活方式，曹杨新村的空间设计从培育集体主义生活方式出发，住宅建筑采用了集合住宅形式。同时，由于受到经济条件制约，工人住宅中人均居住面积不超过 4 平方米。因此，曹杨新村的人口密度和人口规模远高于“邻里单位”理论模型。

人均居住面积统计表

房屋类型	每人居住面积（平方米）	$K=\frac{居住面积}{建筑面积}$
Ⅰ	3.94	0.55
Ⅱ	3.82	0.63
Ⅲ	4.00	0.51
Ⅳ	4.35	0.57

（资料来源：汪定曾. 上海曹杨新村住宅区的规划设计 [J]. 建筑学报，1956（2）: 3-17.）

人口密度统计表

层数	建筑密度（%）	居住密度（平方米 / 公顷）	居住街坊人口密度（人 / 公顷）		
			每人 4 平方米	每人 6 平方米	每人 9 平方米
2—3	20.2	2506	626	418	278

（资料来源：汪定曾. 上海曹杨新村住宅区的规划设计 [J]. 建筑学报，1956（2）: 3-17.）

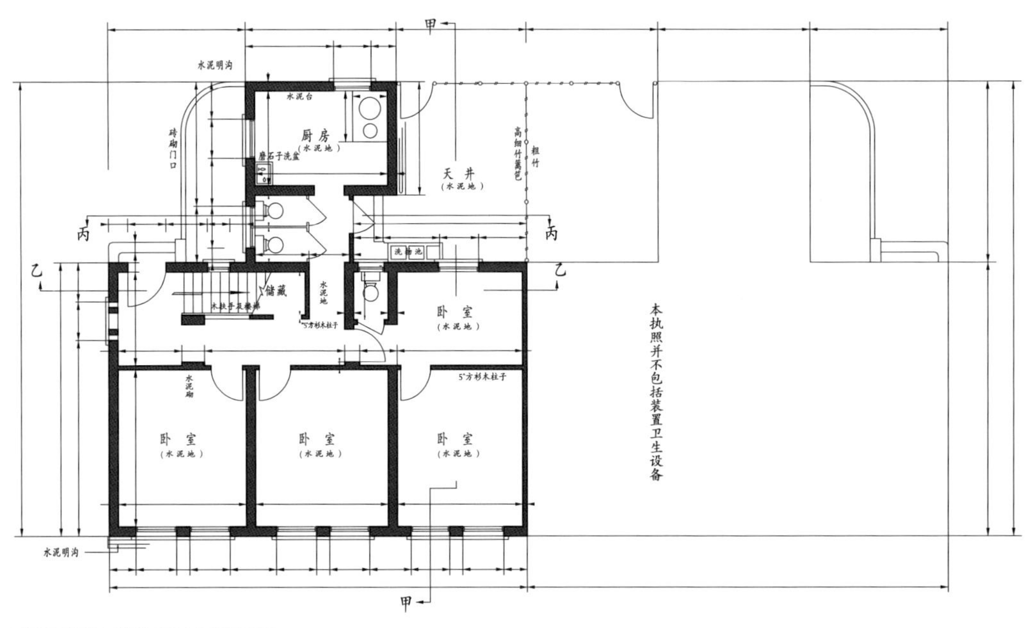

曹杨新村 Ⅰ 类住宅底层平面图

曹杨新村第一版规划的公共开放空间也呈现出布局均衡的三级结构特征。

曹杨新村以社区中心600米服务半径规划社区的总体规模，外围保留自然田园空间，形成田园牧歌的生活环境。以自然水系以及铁路、社区主路划分各个村（小区），并布置公共绿地、果园、苗圃等生产生活性开放空间。以道路、水系等围合住宅组团（街坊群），每处组团中设一条道路服务两侧布置住宅组群，沿路设置组团集中绿地，供居民纳凉、聊天。

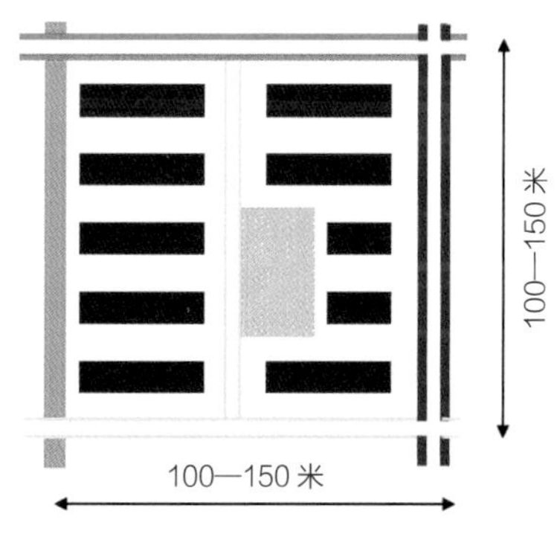

曹杨新村组团空间模式图

曹杨新村公共开放空间布局图

曹杨新村组团空间布局图

2.3
历史风貌

曹杨新村的规划设计是通过理想化的“花园城市”理论为社会主义工人阶级创造新的生活空间。整个曹杨新村布局舒展，生态环境和景观功能并重，环状河浜像一条蓝色珠链，草木葱茏，9 个居住小区之间以自然河道、公园绿地和窄路相隔，整个新村环境舒适雅致，一排排工人住宅与树林、小溪、蜿蜒的小径一起构成了一幅理想主义如画的风景。

2.3.1 曹杨环浜

曹杨环浜原是虬江、界浜相连的环状水道，沿河还有多条分支河。由于基地内有许多自然河道，曹杨新村规划从排除雨水和增加住宅区自然风趣两方面综合考虑，保留了数条贯穿的自然河道。

建设曹杨新村后，扩建曹杨路、辟筑武宁路，将虬江填断，随着城市建设密度不断增高，河道逐渐缩短甚至消失，最终只有环浜和桃浦河被保留下来。1980 年普陀区政府拨款整治新村内河道，并将这一水域正式定名为“环浜”。

20 世纪 50 年代曹杨环浜与曹杨一村

20 世纪 50 年代曹杨环浜与曹杨二村

曹杨环浜与曹杨公园湖面（1954 年）

曹杨环浜（2021 年）

20 世纪 50 年代曹杨环浜、花溪路与曹杨一村共同构成工人新村“如画的风景”

2.3.2 林荫道路

“弯窄密”的林荫道系统是曹杨新村的显著特征。从建设时间来看，曹杨新村道路中最早建设的是花溪路、棠浦路、枫桥路，以及兰溪路东段和杏山路南段。道路开拓的同时，沿路栽种梧桐树。

其中花溪路为上海市风貌保护道路，也是上海市41条落叶景观道路之一。1952年兴建曹杨新村时沿环浜辟筑道路，并以江西省的花溪镇命名。它南起桐柏路，经杏山路、兰溪路、枫桥路、棠浦路，北迄梅岭北路，总长度约1公里，宽约12米，沿水蜿蜒，车行道宽不超过6米，是条不折不扣的小马路。从北向南，依次与梅岭北路、棠浦路、枫桥路、兰溪路、杏山路、梧桐路相交，各交叉路口旁的小桥是观赏环浜最好的视角，成为曹杨“赏春”之地。

风貌保护道路——花溪路（1956年）

风貌保护道路——花溪路（2018年）

风貌保护道路——花溪路（2021年）

组团路（1952 年）

组团路（1959 年）

棠浦路（1952 年）

棠浦路（1970 年）

棠浦路（1980 年）

棠浦路（2021 年）

2.3.3 曹杨一村

曹杨新村规划布局遵循因地制宜的原则，肌理因循原有自然水系、铁路等场地要素，“主要道路沿河布置，房屋沿着道路与河流走向排列，由行列式向扇形变化”，形成强烈的节奏感，构成了新村独特的空间风貌。

在曹杨九个村中，二至九村原有风貌发生了很大的变化，仅有曹杨一村历经改造和加建，仍基本维持原貌。2005 年，曹杨一村 48 栋住宅作为中国特点社会主义制度人民生活样板的窗口，被列为上海市优秀历史建筑，并于 2016 年入选首批中国 20 世纪建筑遗产。

曹杨一村整体呈行列式布局，整齐的红瓦坡屋顶、奶油色的墙壁，屋顶有烟囱，体现的是那个时代上海里弄的传统生活空间风貌。住宅北侧集中布局公共厨房和卫生间，建筑平面呈 L 形单元拼接，单元入口设木质雨篷，山墙采用简洁的混凝土镂空纹样装饰，建筑特色十分鲜明。

曹杨一村、四村鸟瞰图（20 世纪 80 年代）

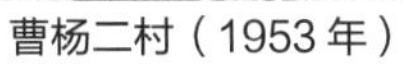

曹杨二村（1953 年）

曹杨三村（1953 年）

曹杨四村（1953 年）

曹杨五村（1953 年）

曹杨六村（1953 年）

曹杨七村（1953 年）

2.4
集体记忆

2.4.1 红桥

棠浦路红桥是老曹杨的地标性建筑物之一，得名于它标志性的红色栏杆。红桥是曹杨环浜上数座小桥中唯一一座不以路名命名的桥。

1951 年，红桥与花溪路、曹杨一村同时建设。作为新中国重大建设成就的组成部分，红桥的影像登上电影、报刊，成为曹杨新村这座工人新村最具知名度的标志之一。

对于新村的居民来说，这座桥将一村的二、三、四工区与新村小学和幼儿园（现朝春中心小学所在地）连接在一起，是孩子们每天上下学的必经之路。因此，红桥也在新村居民的相册里占据了一席之地，成为老曹杨人的童年回忆。

1975 年，这座棠浦路上的老桥经过承重结构改建，木质的桥栏虽然换成了水泥栏板，却依然漆成红色，并将“红桥”作为桥名，正式写在了第一个栏杆上。

1952 年《解放日报》刊登曹杨新村居民孔阿菊和丈夫徐真华照片

“2021 上海城市空间艺术季”雕塑作品

20 世纪 50 年代的红桥

20 世纪 60 年代电影中的红桥

20 世纪 90 年代的红桥

20 世纪 90 年代改造通车的红桥

红桥（2021 年）

红桥（2021 年）

2.4.2 曹杨公园

曹杨公园是曹杨新村建起的第一座公园，离新村最近，可以说是“家门口的公园”。所以新村里的人们经常去那里，每当有毕业、离家、返沪这样的大事，总要到曹杨公园留影纪念。曹杨公园寄托着新村居民许多的情感和回忆。

曹杨公园所在地原先是滩地。1952 年建曹杨新村一村的同时筹建公园，利用园西的低洼地开挖与环浜相通的曲形河池，园内建有竹亭、竹廊等，道路用红石板铺设，占地 2.8 公顷，于 1954 年 5 月 1 日建成开放。

1958 年 7 月，普陀区将公园改为葡萄园，停止开放。1959 年公园恢复原貌，重新对外开放。1965 年 5 月，公园划归普陀区体育运动委员会管理，改名曹杨体育公园。1970 年 2 月公园复归普陀区园林管理所管理，并恢复原名。1971—1972 年，公园进行较大规模整修和改建，将篮球场改建成儿童乐园，新建六角亭、方亭、宣传画廊、接待室等，翻建全部路面及下水道。此后，于 1985 年建造茶室和售品部，1986 年在曲池上建平桥。1987 年在园内修建一处小世界儿童游乐场，又将梅岭北路上的园门改建成鸽形门。

曹杨公园（2021 年）

20 世纪 70 年代，居民在曹杨公园大草坪上合影

20 世纪 80 年代，居民在曹杨公园湖边留影

早期的曹杨公园（1954 年）

2.4.3　曹杨五星

1952 年 6 月 29 日，上海市人民政府在曹杨新村举行庆祝大会，新村大门上挂着喜字灯笼，遍插红旗。在其后的很长时间里，五个红五星替代红旗装饰在大门顶上。

从旧社会地位低下、居住条件恶劣的棚户区，到新中国成立后的新生活，工人们相信是新政府给了他们稳定的工作、良好的收入和社会荣誉。工人们常说，“感谢共产党，感谢毛主席”。曹杨一村路口鲜艳的红五星，成为社会主义新生活的象征。

村口的五星（1952 年）

曹杨公园入口的五星（2021 年）

曹杨新村村史馆曹杨一村模型（1952 年）

曹杨一村二工区入口的五星（2021 年）

2.4.4 曹杨环浜

20 世纪 50 年代初曹杨环浜鱼虾游动，沿着环浜的大片公园、苗圃、绿地，让曹杨新村就像一座花园，沿水的小径成了孩子们“抄近道”玩耍的去处。80 年代，曹杨环浜治理工程填没了东西两端部分河道，开挖了一段新河道，这条水道自此成了新村内首尾相接的内水。

曹杨环浜见证了曹杨新村的诞生和发展，也因此成为新村最重要的集体记忆。

2.4.5 电钟

“入住曹杨新村的都是劳动人民，家里买不起手表，大家盼着村口能建座电钟。”1952 年 6 月 25 日，《解放日报》记者俞创硕拍摄了一张照片：电力工人正在调试新装在村口的电钟，立意是“让新的时间，记录全新的生活”。

环浜滨水空间（1952 年）

整修一新的环浜滨水步道（2021 年）

村口的电钟（1952 年）

2.4.6 工区绿地

曹杨新村落成时是全市第一个全面绿化的新村，在曹杨新村的每个工区（住宅组团）都布置有一片集中绿地，承载了居民大部分日常活动。新村建成后的工区绿地是工人们纳凉、聊天的地方，也是各种体育赛事的组织、举办场地。在备战备荒时期，大家在这里挖防空洞、壕沟；20世纪60年代，曹杨新村大搞副食品生产，居民就在这里种菜、养猪、养鸡、养鸭。

20 世纪 50 年代，“国营上海第二纺织机械厂陆阿狗与黄梅狗等在夕阳西下的时候，他们就在草地上下棋”

20 世纪 50 年代，居民在种菜

20 世纪 50 年代，居民在散步

20 世纪 50 年代组织篮球比赛

曹杨一村一工区绿地（2021 年）

2.4.7 学校

1952 年 8 月，也就是新村居民入住两个月后，本着为工人阶级子女提供最好的教育的目的，新村的幼儿园、小学很快建成。曹杨新村第一幼儿园（1957 年更名为上海市实验幼儿园）在棠浦路建成，是上海最早的工人新村幼儿园。次年，苏联幼教专家来访指导工作。上海第一所工人新村小学——曹杨新村第一小学同时创办，幼儿园与小学共用一个校门。1986 年，上海市实验幼儿园搬迁至杏山路现址。1999 年，曹杨新村第一小学、普陀区中心小学合并建成朝春中心小学，用地包括当年的第一小学、第一幼儿园以及民办小学。

1954 年，曹杨二中创建，1979 年被认定为上海市重点中学，2005 年成为首批上海市实验性示范性高中之一，2011 年荣获全国文明单位称号。曹杨二中以不到 70 年的历史，从一所普通工农子弟学校成长为一所名校，是劳模精神、红色基因的历史传承代表之一。

上海市实验幼儿园与曹杨第一小学（1962 年）

上海市实验幼儿园（2021 年）

曹杨一村民办小学（1958 年）

朝春中心小学（2021 年）

曹杨二中（1954 年）

曹杨二中（1975 年）

曹杨二中（2021 年）

2.4.8 集体生活

曹杨新村的“老地方”还有很多，有新中国成立以来上海市西北地区新建的第一座影剧院，有后来改为普陀区文化馆的曹杨新村文化馆。有的“老地方”则早已消失，如曹新浴室、红旗食堂、老虎灶、曹杨新村第三小学等。这些都承载着“新村工人”的身份认同、紧密融洽的邻里关系和集体主义的生活方式。

新中国成立后，在国家建设的号召下，曹杨新村积极完成了“家务劳动社会化、日常生活集体化、义务教育统一化、清洁卫生常态化、公共绿地规范化”五个转变。曹杨新村动员退休工人和家庭妇女走出家庭，组织读书读报小组、洗衣缝纫组、巡逻队等。学校在暑假中组织学生集体开展学习和锻炼。集体生活是曹杨新村居民的温馨记忆。

20 世纪 60 年代学生在棠浦路集体做作业

老年人在曹杨公园合唱（2021 年）

20 世纪 60 年代学生在花溪路做操

棠浦路转角的简易邮票亭（1952 年）

20 世纪 50 年代曹杨新村红旗食堂

2.5 对外展示的窗口

曹杨新村也是上海市第一个对外开放的人民新村。作为社会主义建设的重要成就，工人家庭成为外国记者、政要等参观的对象。曹杨新村街道办事处还设立了“外事办公室”，也是全市第一个街道外事办公室。新村建成以来，已先后接待世界 150 余个国家和地区、40 余万人次的外宾来访，具有相当的国际知名度，是新中国成立以来人民美好生活的一个鲜活例证。这些参观接待也成为新村居民日常生活和集体记忆的重要组成部分。

为了让更多市民了解工人新村，20 世纪 50 年代以来不少小说、电影、画册、报纸对新村里的生活场景和劳模事迹进行了报道，新村工人成为受人尊敬的社会身份。1953 年，也就是在曹杨一村落成后的第二年，劳动出版社出版了关于曹杨新村的第一本出版物——《曹杨新村好风光》，作为“速成汉字补充读物”，推广新文化，传播新思想，重塑新社会。同时，曹杨新村还成为《今天我休息》《石榴花》《上海的早晨》《他们怎么过日子》等一批影视文艺作品的拍摄地。

20 世纪 50 年代印度代表团参观曹杨新村

20 世纪 50 年代苏联代表团参观曹杨新村

20 世纪 50 年代《解放日报》关于曹杨新村的报道

20 世纪 50 年代曹杨新村相关报道

电影《石榴花》剧照（1983 年）

连续剧《上海的早晨》剧照（1989 年）

海燕电影制片厂
摄制

今天我休息

演员：
仲星火 馬骥
李保罗 史原
赵抒音 上官云珠
王苏江

一次采訪

·仲星火·

电影《今天我休息》剧照

《曹杨新村好风光》内页插图（1953 年）

“速成汉字补充读物”《曹杨新村好风光》（1953 年）

画册《曹杨新村》（1953 年）

3 策略：做强“长板”

社区更新不但要补“短板”，更要做强“长板”，做强“长板”才是老旧社区更新的根本出路。从规划视角来看，任何现存老旧社区经过几十年的发展积累都有其特色和优势存在，它是每个社区发展需要依托的独特资源，也是其发展的潜力所在。特色改变、价值破坏是不可修复的。社区更新规划应先把有价值特色的传承下来，并加以优化、提升和凸显。在曹杨新村，规划依托曹杨公园、环浜公园、林荫道路等原状留存下来的特色空间物质载体，及红桥、曹杨影院、邮局等功能延续至今的集体记忆点，同时通过保留不同时期的建筑和集体记忆场所，固化一个曹杨新村独特的社区空间和功能底板，诠释劳模文化、睦邻文化和市井文化，强化环境的宜居性和服务的便利性，做强这些曹杨新村的“长板”，让居民获得一种文化身份的认同，强化居民对社区的自豪感，从而提升居民的幸福感。

曹杨公园（2021 年）

3.1 理念与目标

3.1.1 规划理念——绿色、人文、开放

曹杨新村社区更新规划改变以往局限于更新项目进行规划设计的思路，延展时空广度，以整个社区为空间单位，以新村规划建设为时间起点，在做实做细基础信息调查的基础上，统筹各方建议，坚持“以人民为中心”的发展思想，以新时代新发展理念为引领，明确社区更新目标，强化优化曹杨新村空间结构，落实“五宜”更新项目。规划提出以“绿色、人文、开放”为规划理念，将绿色、人文、开放融入曹杨新村社区更新，编制成一张全要素、全周期的愿景蓝图。

3.1.2 规划目标——美好生活共享社区

曹杨“15 分钟社区生活圈行动”规划以人民群众的需求为导向、以人民群众的智慧为依靠、以人民群众的幸福为目标，在居住环境改善、开放空间营造、公共服务设施提升、友好社区构建等方面建设一个具有“五宜”品质的美好生活共享社区。曹杨新村社区更新规划目标具体包括：

（1）“五宜”美好生活品质社区。围绕“城市功能更加强大、人民群众生活更有品质、城市精神品格更加彰显、生态环境更为优良、超大城市治理更加高效”的目标，全面统筹“生产、生活、生态”三大方面，通过多方参与，以“五宜”为愿景目标，提升社区生活品质，兼顾城市“亮度”和“温度”，实现“补短板、锻长板”并举，建设面向未来的高品质社区。

（2）“邻里单位”特色社区。以曹杨新村“邻里单位”空间格局为底板，通过整体提升现存的“邻里单位”空间体系的关键性要素，纲举目张地调整优化曹杨新村的空间和功能布局，改善生活居住空间，完善公共服务体系，凸显曹杨新村世外桃源般的“邻里单位”社区特色。

（3）工人新村更新示范区。全面发掘和系统展示曹杨新村的历史文化资源，通过构建开放共享的空间体系，积极引导新的生活方式，传承场所精神，彰显新中国第一个劳模新村的历史文化价值。

3.2
策略一：优化空间结构

3.2.1　绿色：一环双轴线——拓展公共空间体系

规划保持曹杨新村的结构性空间体系，包括：环状的自然水系及其社区绿地，三级路网体系及其形态结构。规划同时恢复环浜步道贯通、提升环浜公园的开放性和景观品质，将现状闲置的铁道空间改造为带状公共开放空间，建设为百禧公园，将现状未被充分利用的桃浦河打造成开放型滨水公共空间。通过拓展社区级公共空间体系，使社区蓝绿开放空间的布局在空间上趋于均衡，使社区居民可以更近距离地享受绿色生态环境。

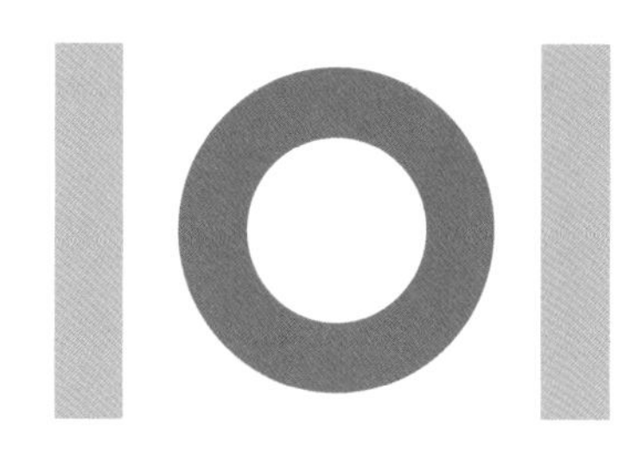

一环双轴线示意图

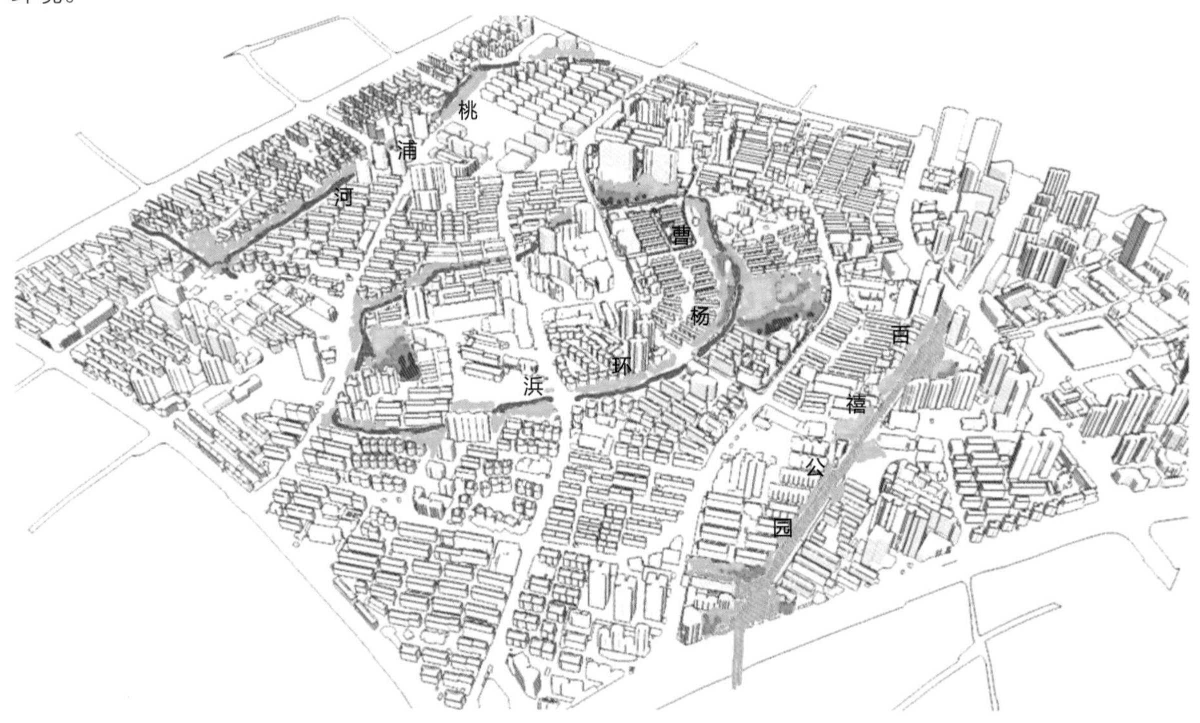

曹杨新村“101”蓝绿公共空间体系规划策略图

曹杨环浜（2021 年）

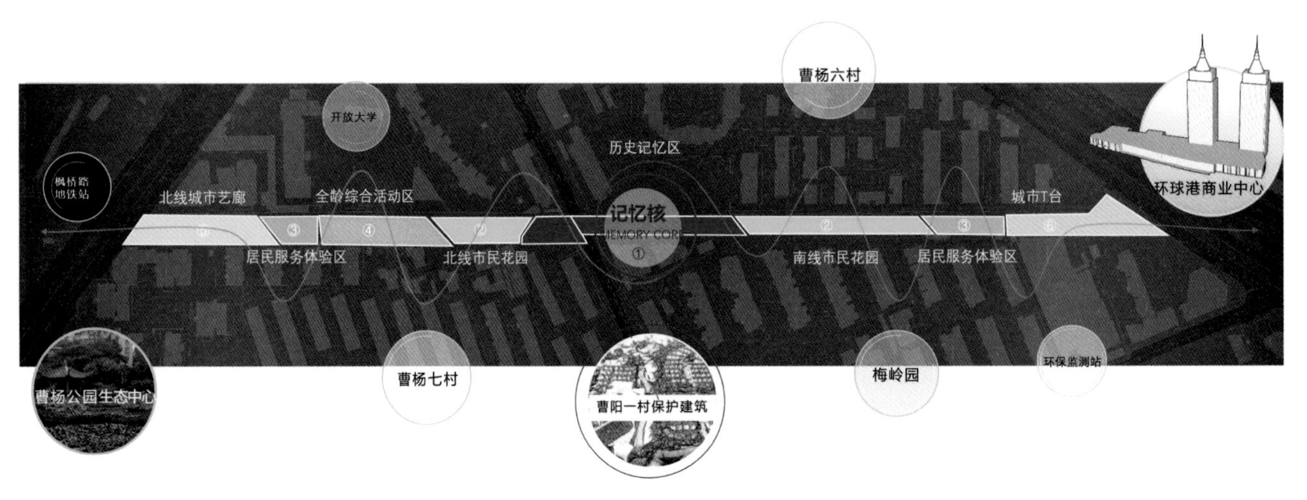

百禧公园设计构思图

百禧公园设计方案总平面图

百禧公园设计方案模型

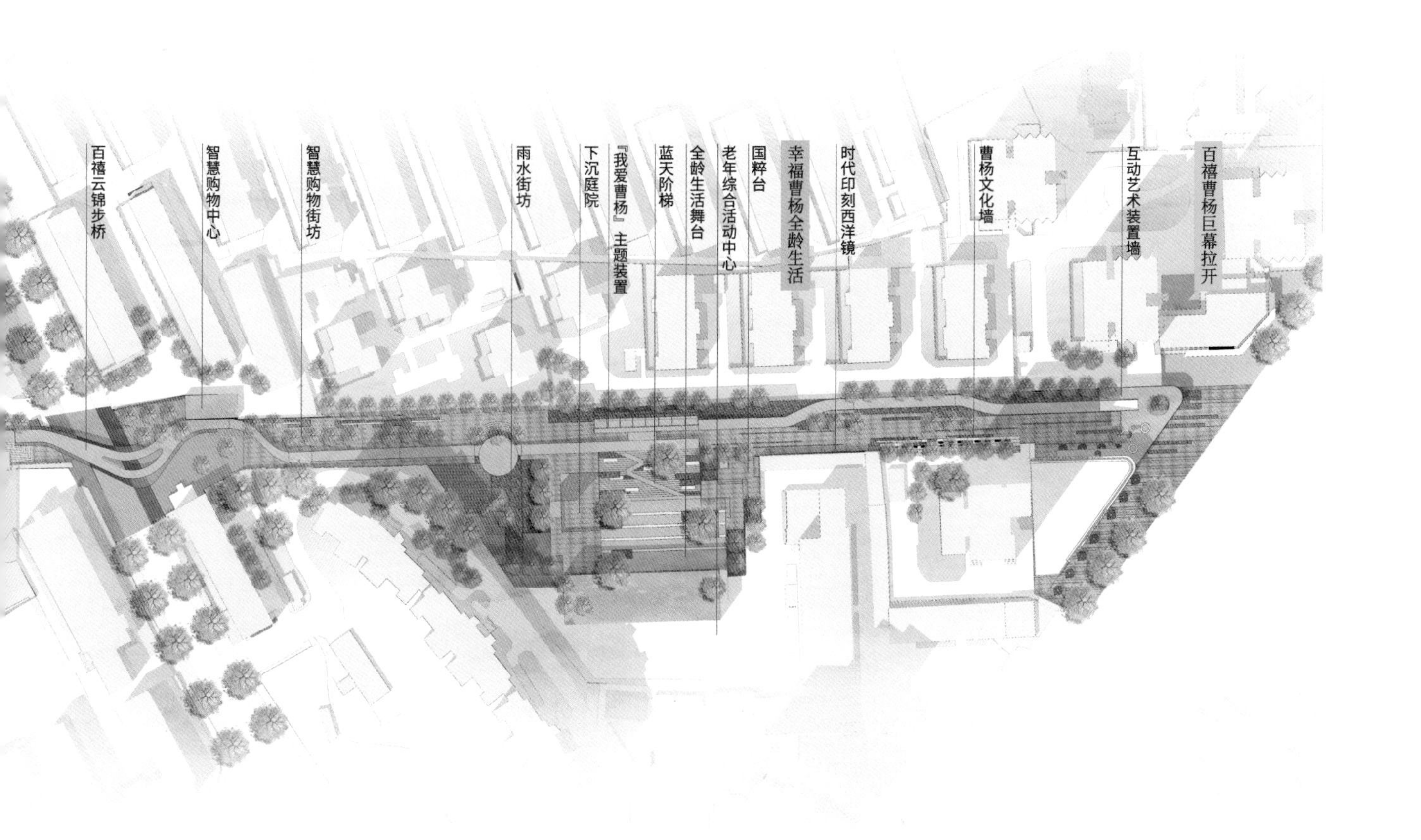
百禧云锦步桥
智慧购物中心
智慧购物街坊
雨水街坊
下沉庭院
『我爱曹杨』主题装置
蓝天阶梯
全龄生活舞台
老年综合活动中心
国粹台
幸福曹杨全龄生活
时代印刻西洋镜
曹杨文化墙
互动艺术装置墙
百禧曹杨巨幕拉开

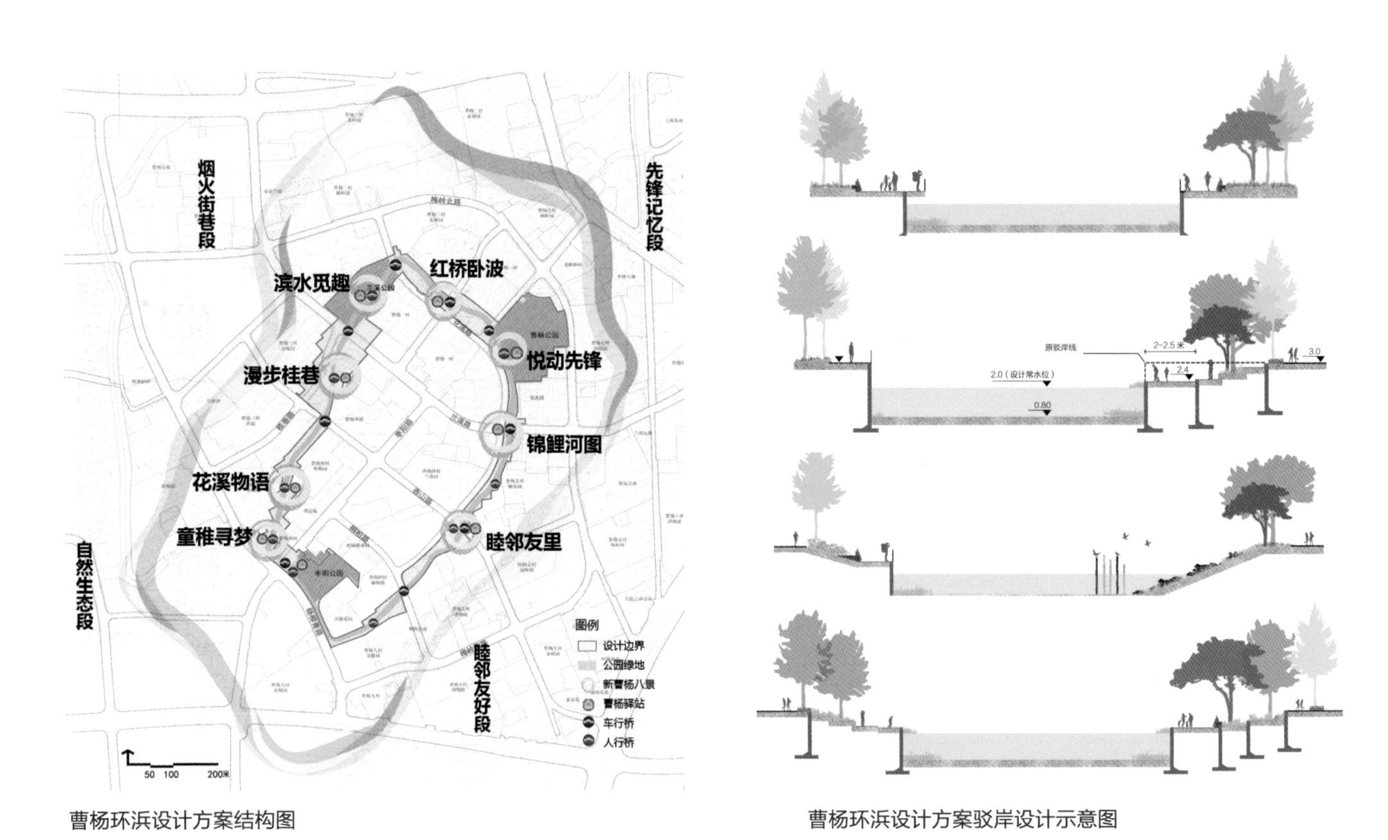

曹杨环浜设计方案结构图

曹杨环浜设计方案驳岸设计示意图

曹杨环浜设计方案策略示意图

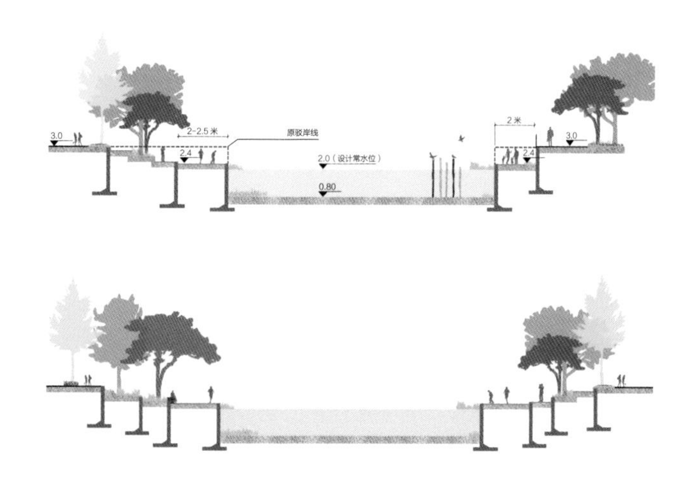

曹杨环浜设计方案驳岸设计示意图

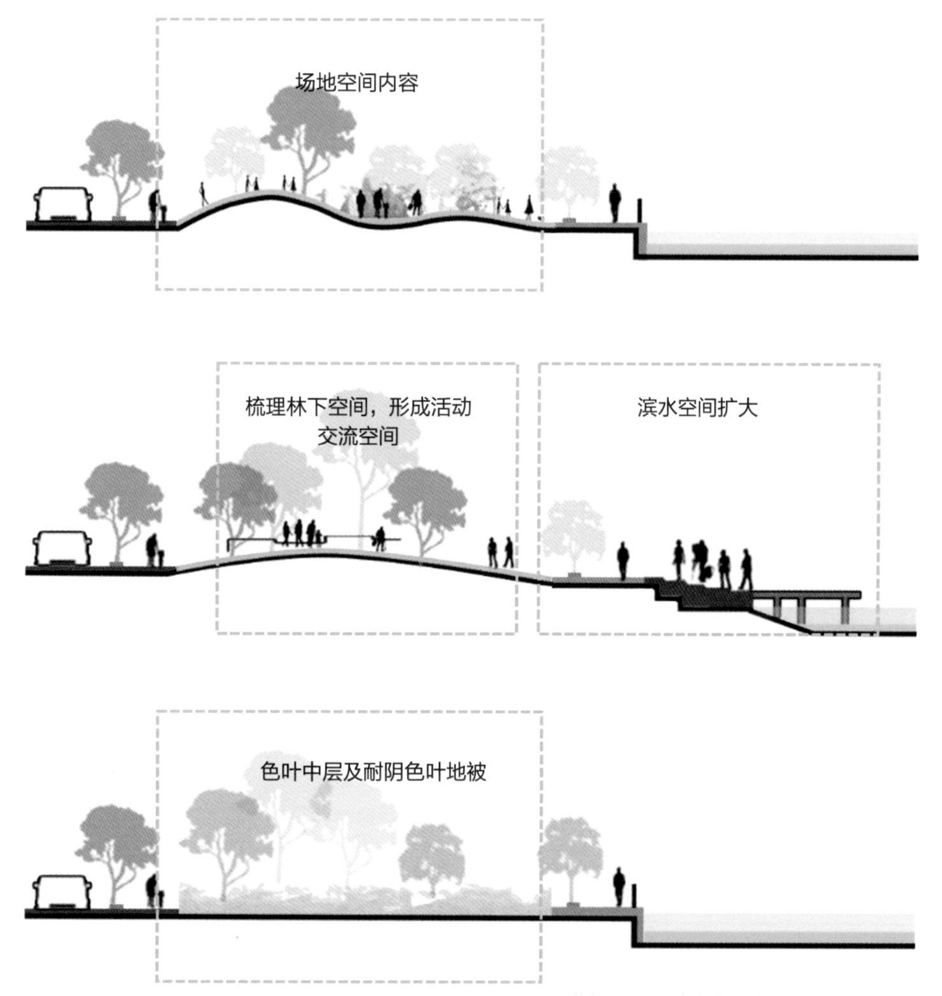

曹杨环浜设计方案滨水绿地提升示意图

三弯聚核心示意图

3.2.2 人文：三弯聚核心——凸显“邻里单位”格局

以“邻里单位”为原则规划建设的曹杨新村，其空间格局的特征是多中心均衡布局结构，其中社区中心位于社区中部，街道围绕，可达性强，是社区居民日常生活必去的场所。社区中心集合了商场、影剧院、文化馆、邮局、银行、商业步行街、公园和医院。同时，作为曹杨新村标志性建筑群的曹杨一村亦位于社区中心位置。规划通过提升曹杨新村独特的“弯窄密”林荫街道的空间品质，将这些要素串联聚合，共同形成凸显曹杨新村“邻里单位”特征的空间格局。

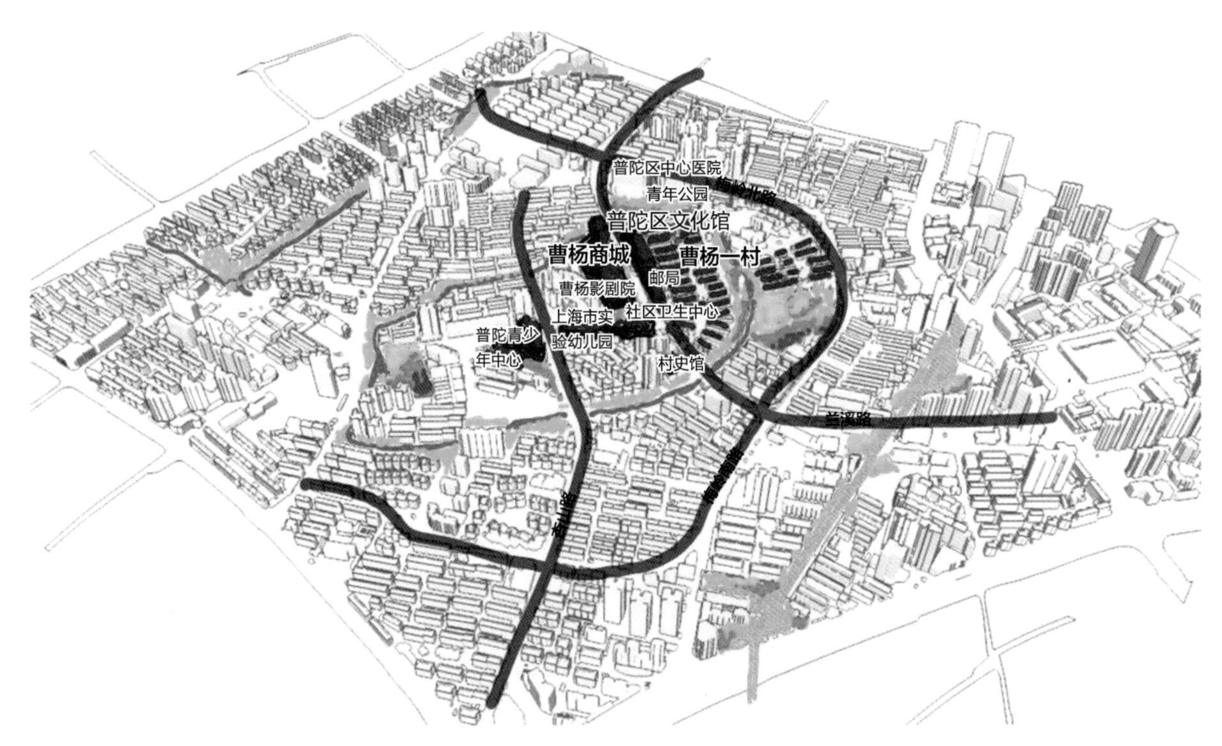

曹杨新村人文空间体系规划策略图

曹杨新村鸟瞰（2021 年）

曹杨一村

兰溪青年公园（原苗圃）

曹杨影城（原曹杨影剧院）

曹杨商城（原曹杨商场）

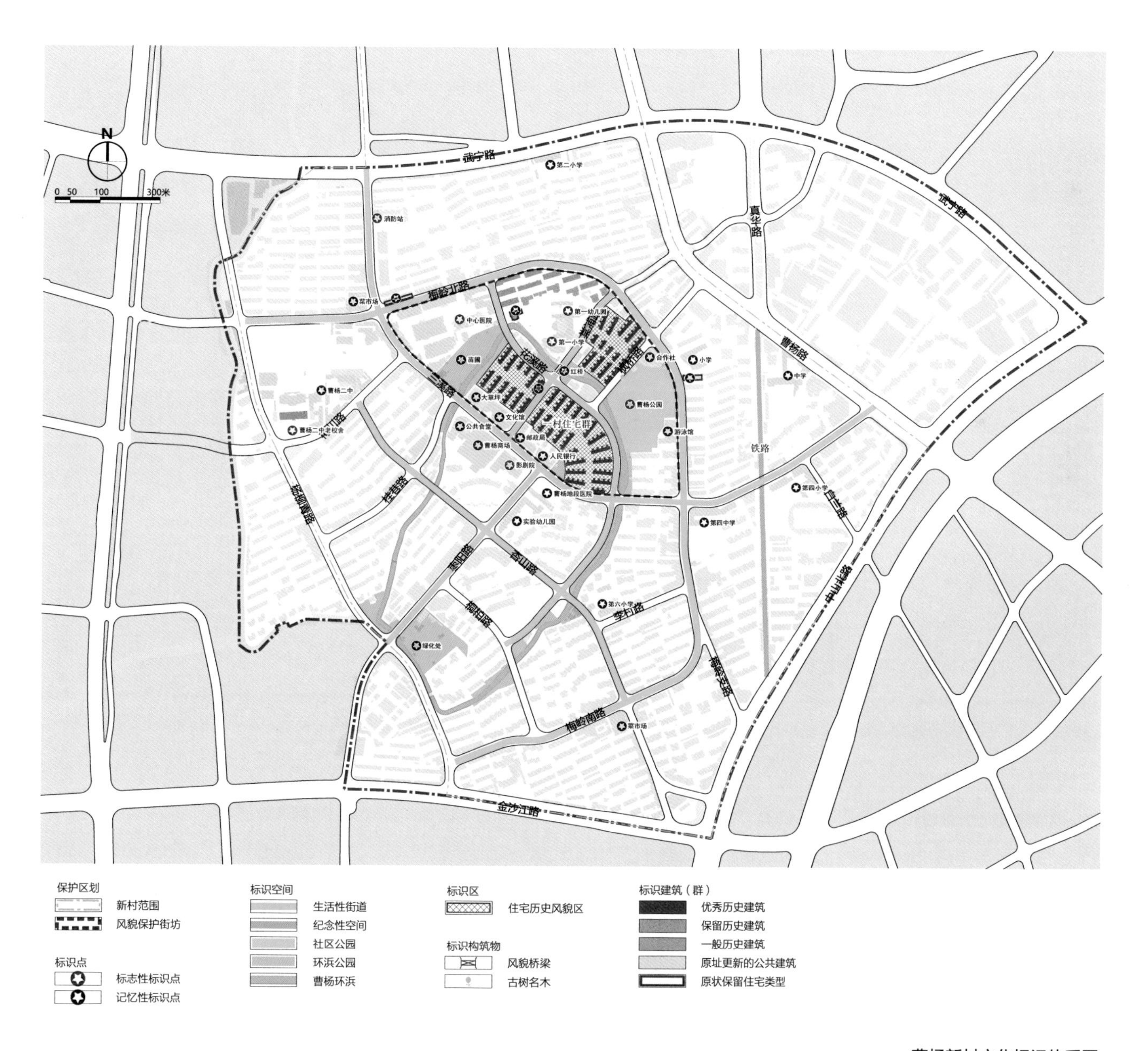

曹杨新村文化标识体系图

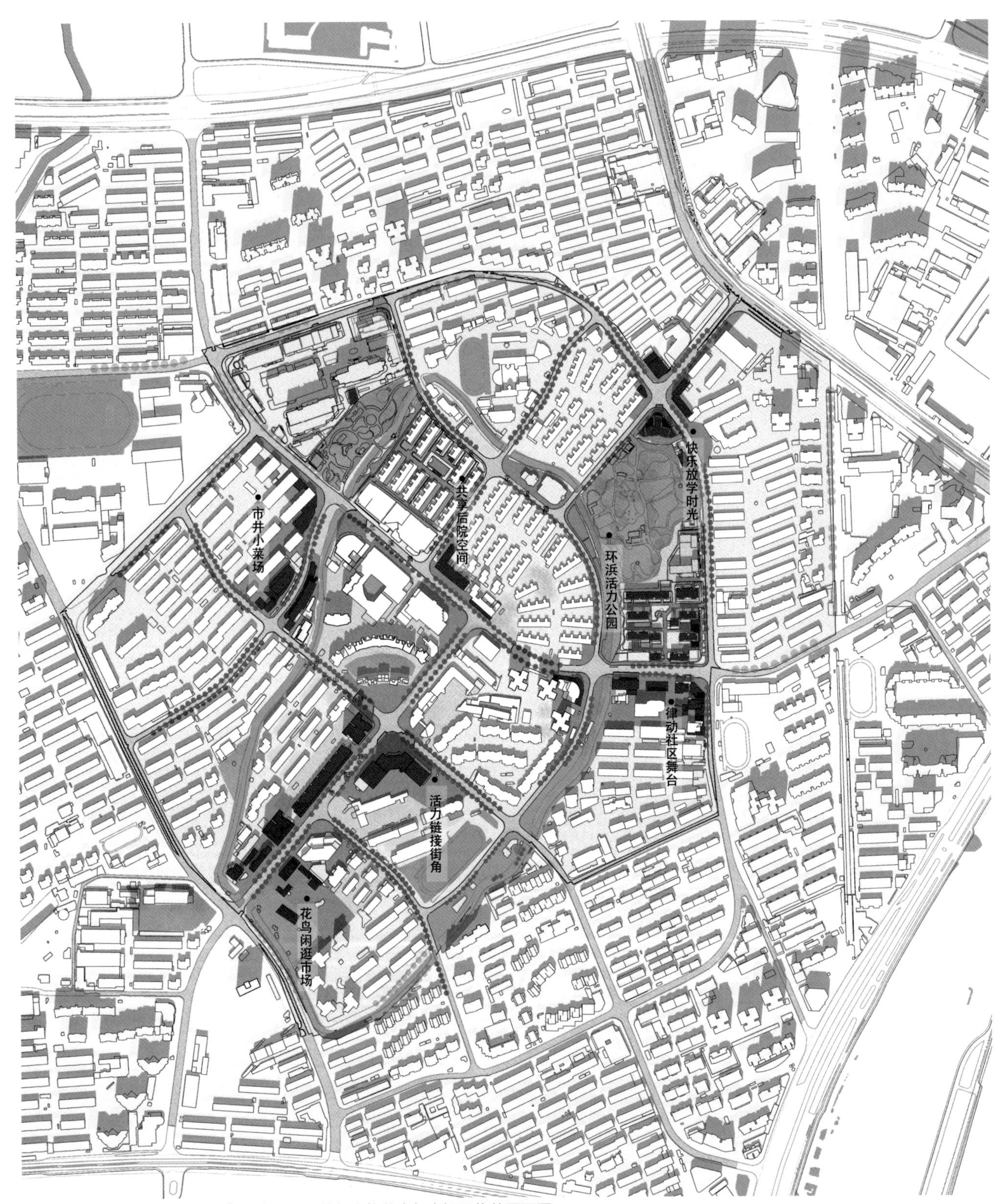

曹杨新村“日常生活空间更新”概念设计：特色功能节点与空间网络总平面图

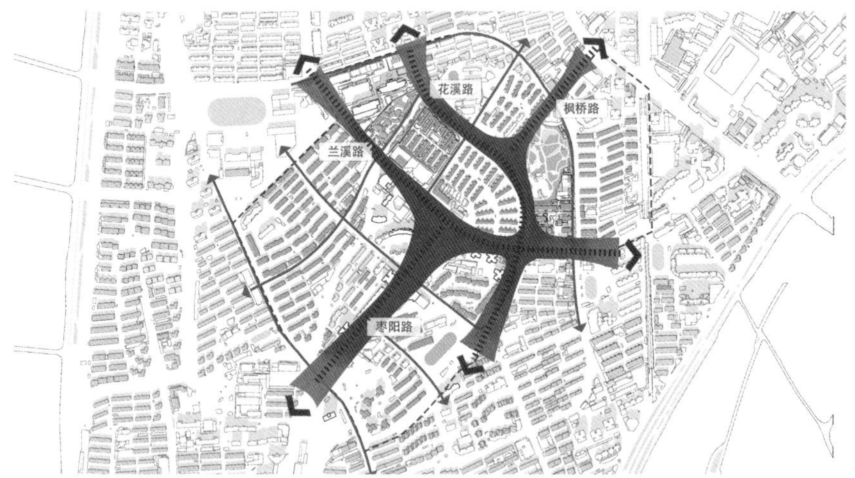

曹杨新村“日常生活空间更新”概念设计：空间结构示意

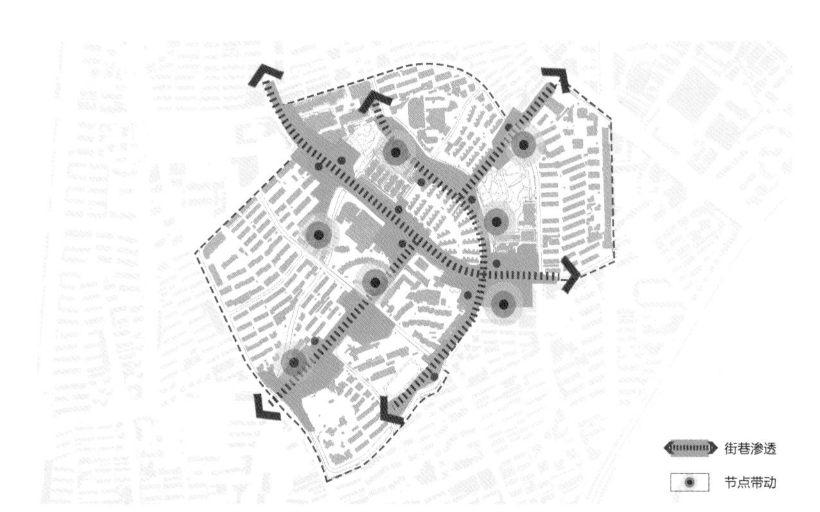

曹杨新村“日常生活空间更新”概念设计：功能节点与空间网络

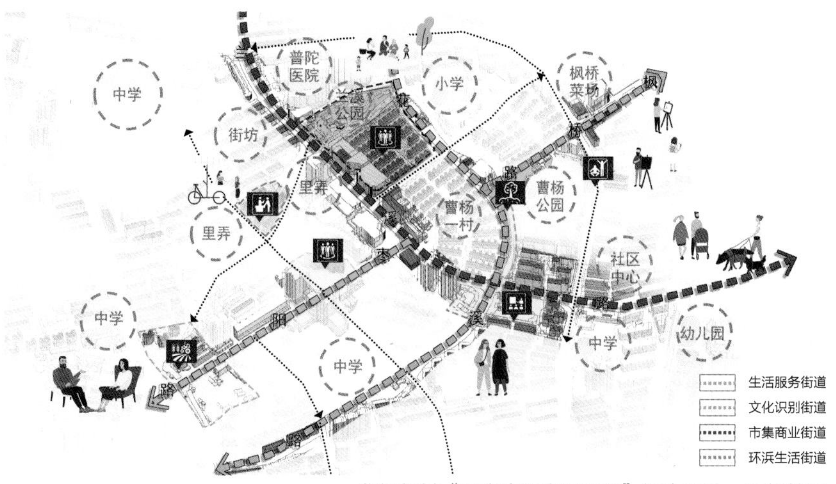

曹杨新村“日常生活空间更新”概念设计：功能策划

3.2.3 开放：五叶连环浜——共享社区美好品质

规划以“101”蓝绿公共空间结构和历史文化空间格局为基础，将曹杨新村划分形成连接环浜的 5 个片区。通过在 5 个片区内分别将城市支路、住宅组团路串联起来，借助智能化门禁系统，在每个片区中实现居民慢行无阻，形成开放、连续的慢行优先空间系统，使各片区内的活动场地和活动设施实现共享，使居民均能便捷、安全地到达高品质的环浜公园。

五叶连环浜示意图

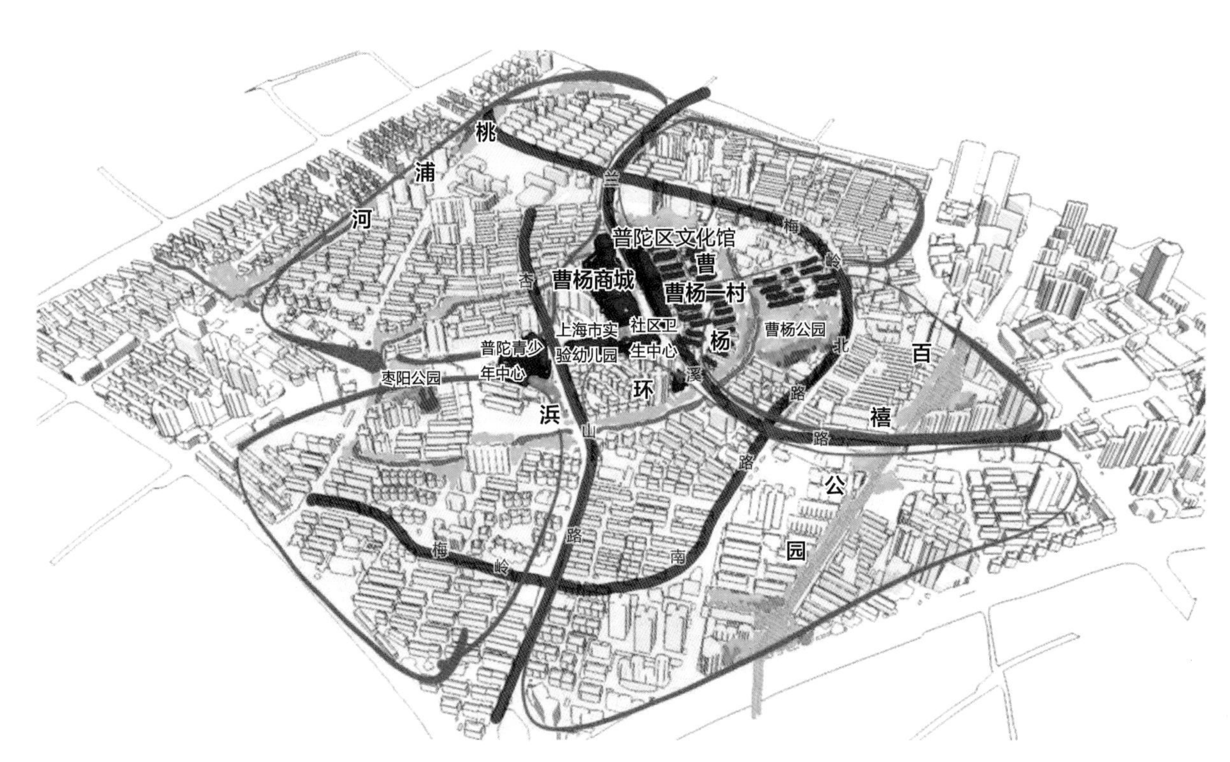

曹杨新村开放共享格局规划策略图

曹杨公园鸟瞰

曹杨新村“慢行优先网络”概念设计：总体结构

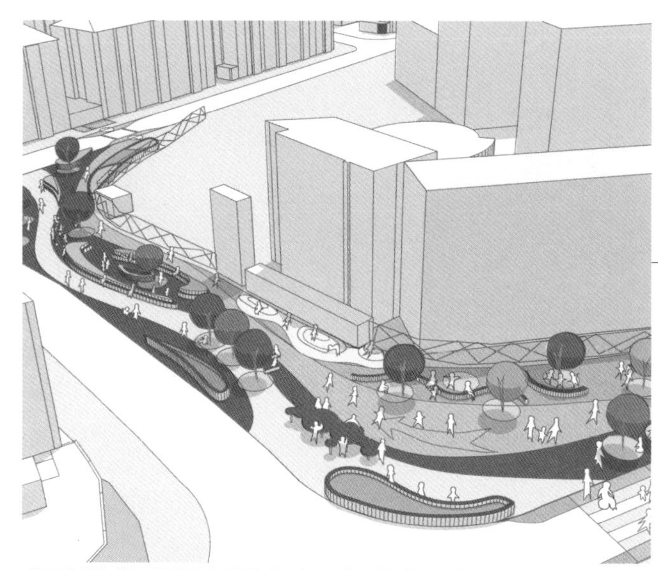

曹杨新村“慢行优先网络”概念设计：桃浦片区邻里活动场所

曹杨新村“慢行优先网络”概念设计：桃浦片区节点设计

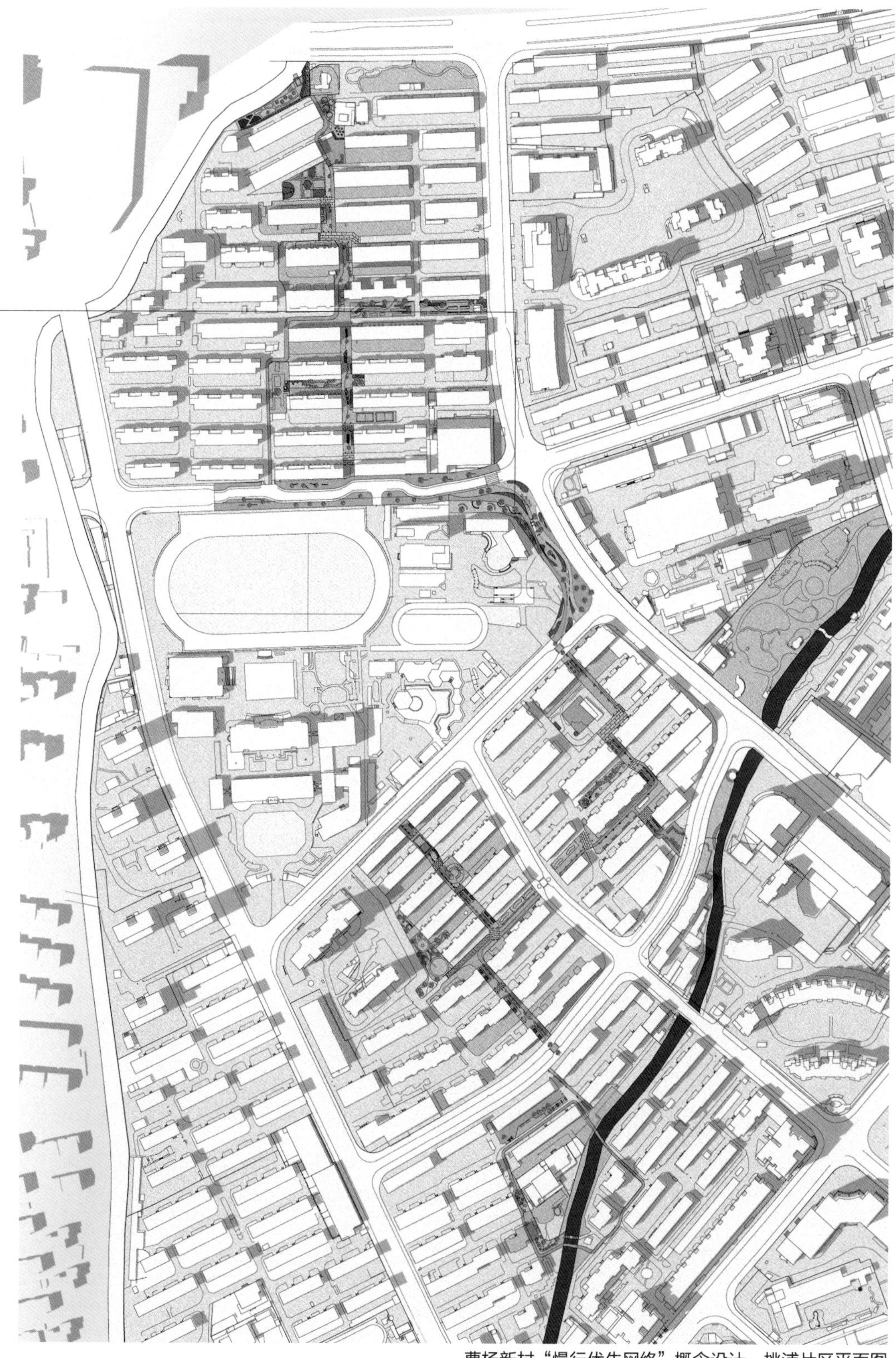

曹杨新村“慢行优先网络”概念设计：桃浦片区平面图

曹杨一村（2021 年）

3.3 策略二：彰显文化风貌

3.3.1 传承历史风貌

曹杨“15 分钟社区生活圈行动”伊始即明确了传承曹杨新村历史文化价值和传统精神、凸显“邻里单位”的经典空间格局、重现场所精神、打造美丽曹杨的总体原则。从这一总体原则出发，规划重点保护曹杨一村优秀历史建筑并改善其住房条件，保护并整治提升曹杨新村风貌保护道路、“弯窄密”的林荫街道以及曹杨环浜蓝绿空间的空间品质，同时通过重组住宅组团的封闭空间单元、贯通并开放部分组团级道路和环浜步道，逐步修复原有的开放住区结构。

曹杨环浜鸟瞰图

花溪路与曹杨一村（2021 年）

3.3.2 营造文化标识体系和展示体系

曹杨新村作为上海工人新村的代表，是海派文化的主要载体之一，也是我国社会主义制度下的一种空间实验。曹杨新村现存有大量体现历史文化特色的标识物，包括曹杨一村住宅群、曹杨二中、曹杨公园、花溪路、棠浦路、环浜公园等原状留存下来的物质载体，以及红桥、影剧院、商场、医院、文化馆、邮局、老铁路等其他功能延续至今的集体记忆点。规划通过保护、建立标识说明、设立艺术装置等方式构建曹杨新村的历史文化场所标识体系。同时规划借助历史文化场所标识，将曹杨新村传统的亲近自然的生态文化和良好的学习文化、以劳模人物和家庭为标志的红色模范文化和工人社区的睦邻文化，融合社区日常生活，规划建构以模范文化、睦邻文化、市井文化、生态文化和学习文化为特色的曹杨新村文化展示空间体系。

曹杨一村五星

铁路曹杨农贸集市建设名牌

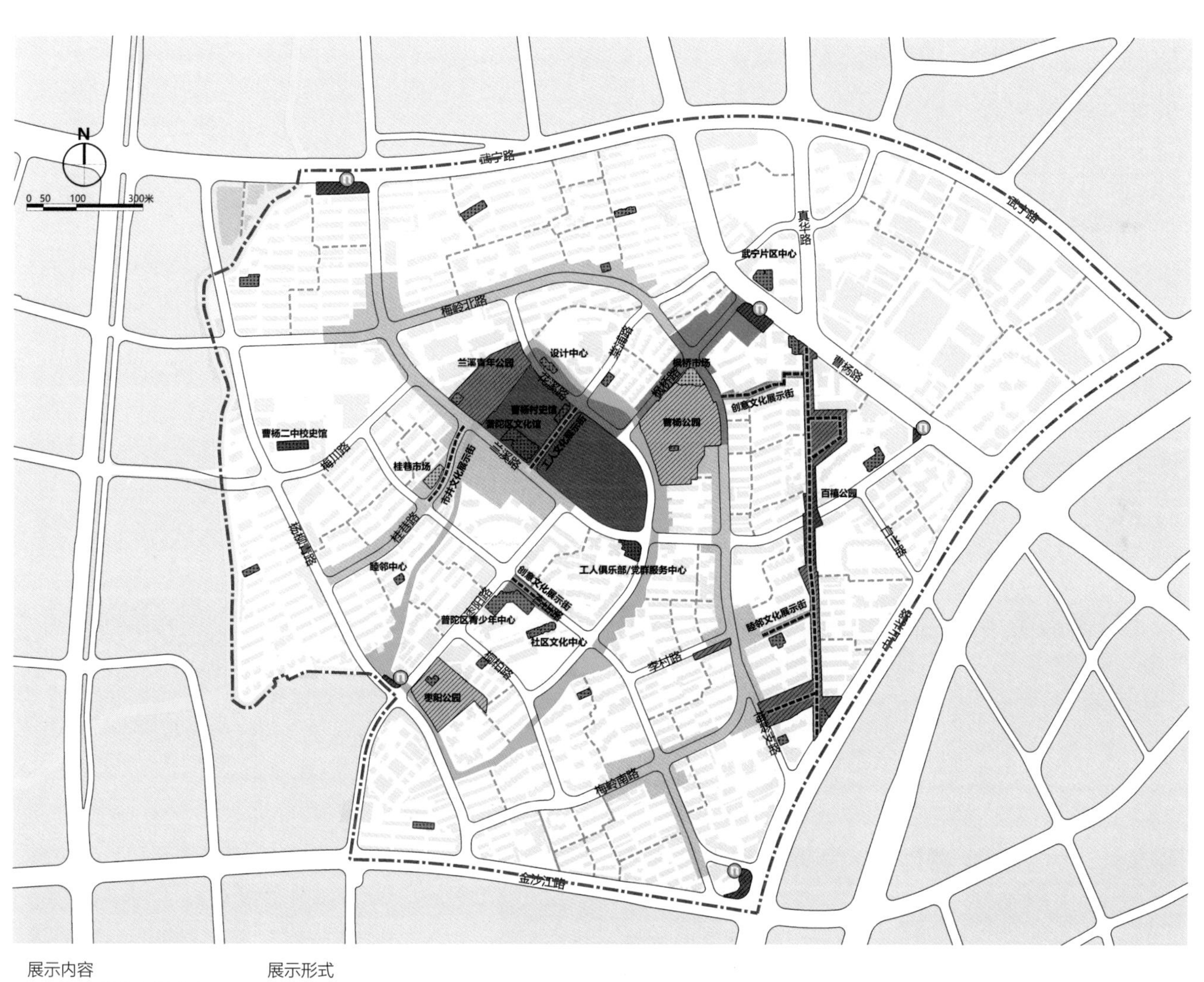

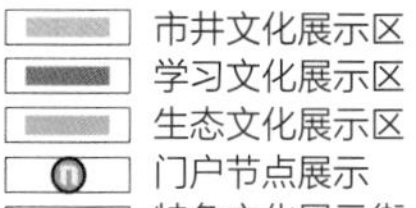

曹杨新村社区文化展示体系规划图

曹杨新村文化体系建构

文化

模范文化	睦邻文化	市井文化	生态文化	学习文化
“信念坚定、立场鲜明、艰苦奋斗、勇于奉献、胸怀大局、纪律严明、开拓创新、自强不息”的工人阶级品格	“夜不闭户、路不拾遗”的集体主义生活方式	“具有商肆集中、生活气息浓郁”的日常生活	“河浜密布”的田园生活	勇立“潮头”的探索创新精神

活动

模范文化	睦邻文化	市井文化	生态文化	学习文化
话剧表演	养老驿站 周日音乐会	周末集市	素拓园地	读书会
小品演绎	康养体验 棋牌活动	健身休闲	养花咨询	全龄课堂
摄影展	日托中心 亲子教室	周日小剧场	共青果园	故事会
……	共享厨房 社区书房	茶点手工	自然教室	技能比赛
	……	生鲜市场	科普园	……
		……	树木认养	
			……	

曹杨新村社区文化体系

模范文化

- 模范人物展示景墙
- 提供文化展示交流空间

睦邻文化

- 睦邻中心等公共建筑改造为居民交流空间
- 营造睦邻点及公共场地，为居民打造新集聚点

市井文化

- 市场改造为市民创造一个公共的开放空间
- 模糊建筑立面与街道之间的边界，增加休憩点，让市民有停驻空间

生态文化

- 营造花园社区
- 打造与自然亲密接触的空间

学习文化

- 围墙改造，可视化展示，彰显人文底蕴
- 公共文化场所更新，增加有趣味的日常活动空间

曹杨新村社区文化体系展示示意图

目标

艺术生活化

文化展示的公共艺术走向城市：更开放、更亲民、被使用

生活艺术化

为城市公共空间注入文化展示内容，为日常街头生活提供艺术环境

概念扩展

城市文化展示的公共艺术，包含着多种展示内涵、功能内涵、使用内涵的文化构筑物、文化建筑、文化场所、文化活动

类型	
平面造型艺术	• 铺装处理 • 地面、墙面绘画 • 天幕处理 • 玻璃绘画
空间造型艺术	• 建筑 • 雕塑 • 装置 • 灯光 • 公共设施 • 形象识别标识
绿化景观艺术	• 地面起伏的造型 • 植被 • 水景 • 园林
文化活动	• 临时性节日主题 • 持续性街头活动

曹杨新村空间艺术体系

平面造型艺术

空间造型艺术

绿化景观艺术

文化活动

曹杨新村空间艺术体系展示示意图

3.4
策略三：建设友好社区

3.4.1 环境友好社区

规划以提升生态服务功能、提升生态保障功能、提升生态文化功能为目的，以“101”蓝绿空间为骨架，贯通环浜沿线的步行空间，沿环浜建设各种形式的“自然教室”传播生态知识；建设百禧公园和桃浦河生态景观开放空间，因地制宜地提升和开放组团绿地和街头街边绿地，增加居民活动和交往空间。

曹杨新村街头绿地更新效果图

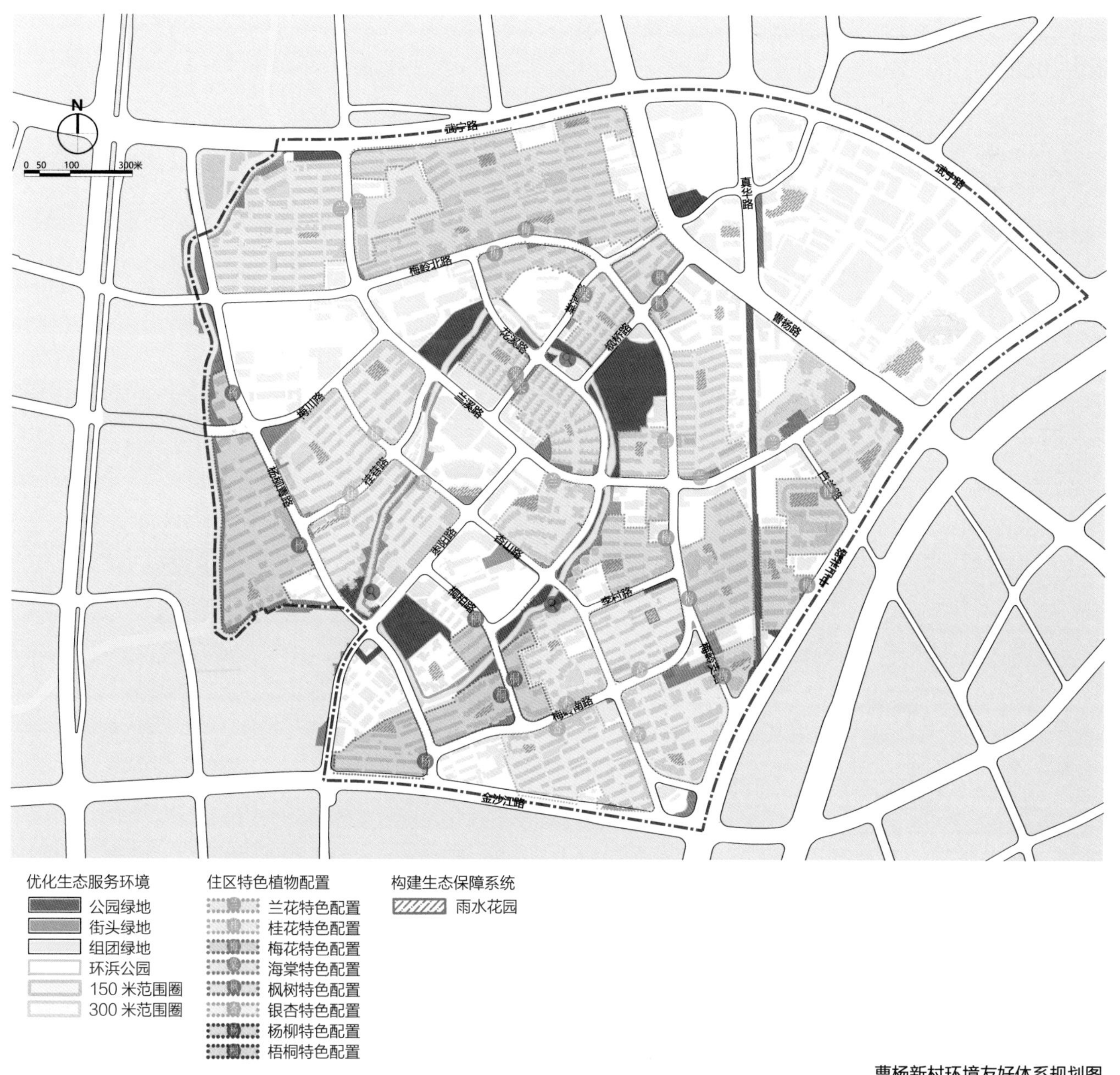

曹杨新村环境友好体系规划图

以水边、路边与围墙边“三边融合”为手段，提升环浜的可达性和开放性，增加街头、街边的口袋绿地。沿环浜构建六个各具功能和景观特色的社区交往核，提升蓝绿空间的服务功能。以路名中的植物为线索，分片区在组团中换植部分特色植物。赋予环浜九座桥梁以文化含义，突出“文化九桥”的空间标识作用，提升环境的文化功能。因地制宜地建设组团雨水花园，提升环境的生态功能。

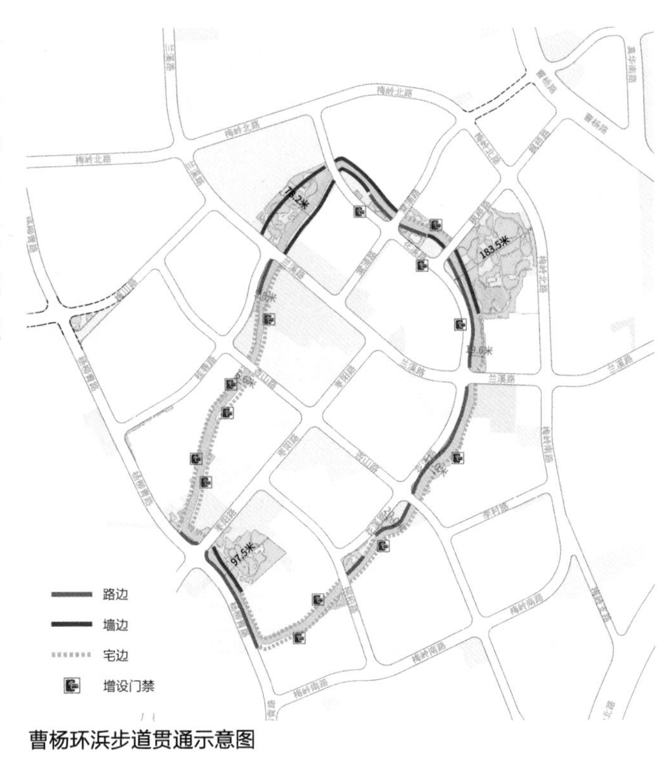

曹杨环浜步道贯通示意图

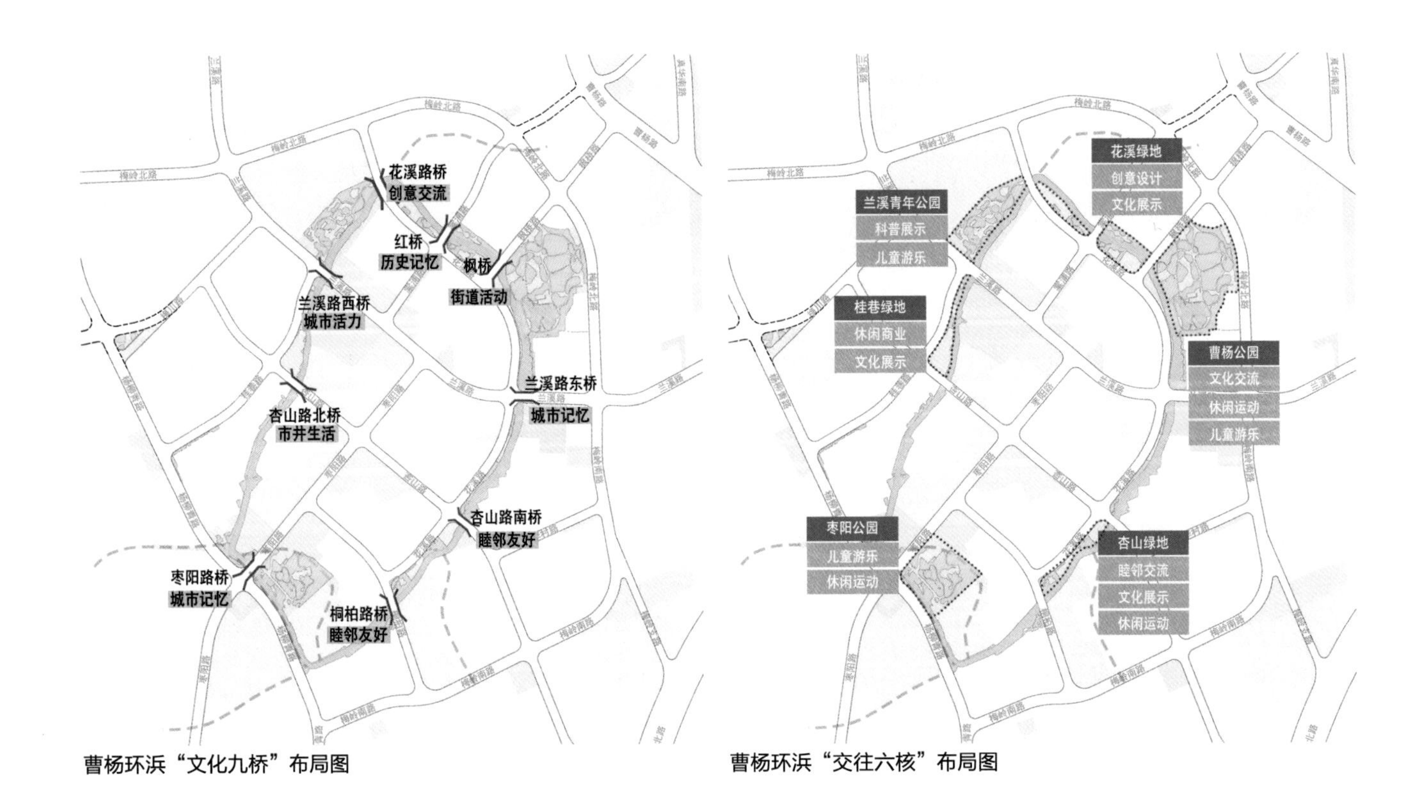

曹杨环浜“文化九桥”布局图

曹杨环浜“交往六核”布局图

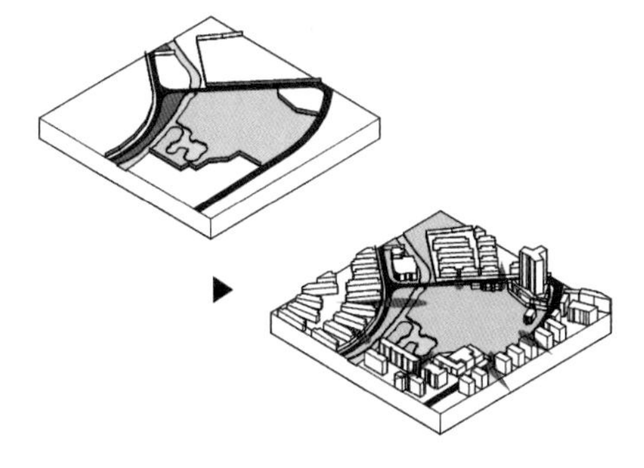

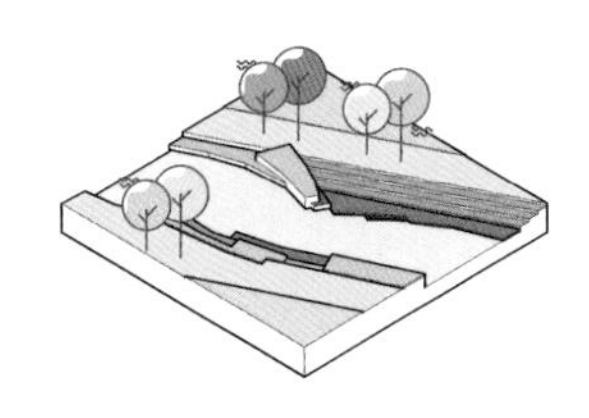

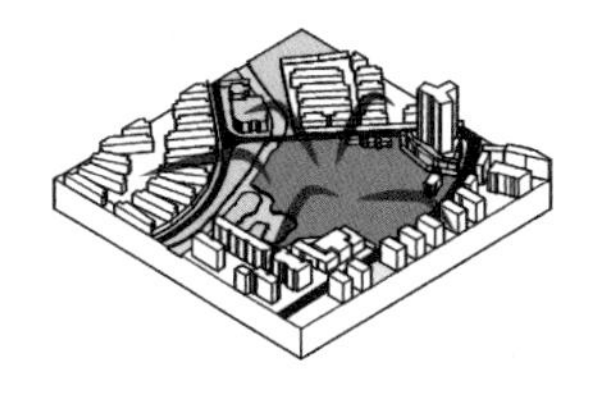

Step 1
融合的边界
公园与街道一体化设计
环浜角色由边界到景观

Step 2
可亲近的水岸
重塑地形，营造多元场地
环浜角色由景观到游乐场

Step 3
活动植入
多元活动植入，重现传统生活
环浜角色由景观到共享的生活空间

曹杨环浜“三边融合”设计概念图

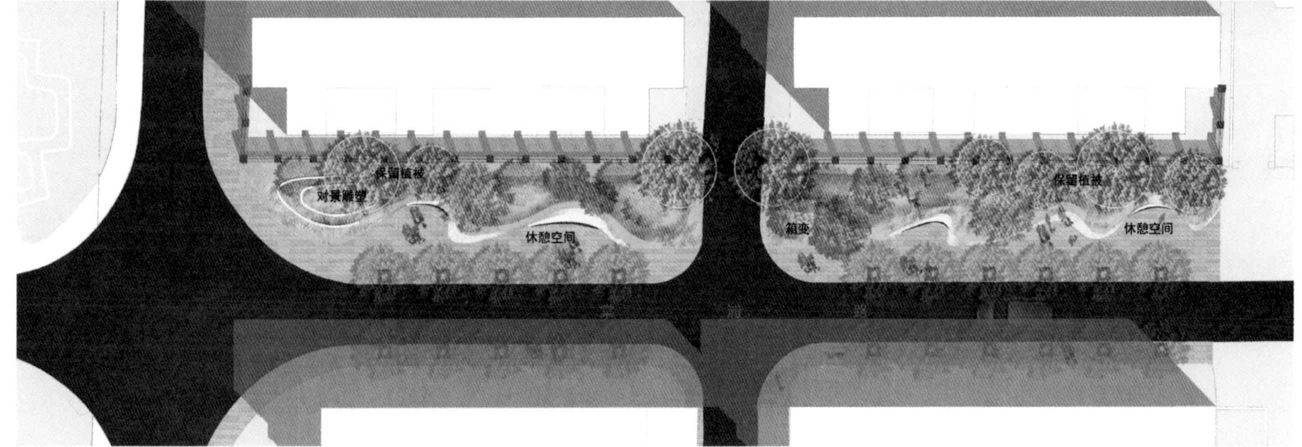

棠浦路美丽道路设计总平面与鸟瞰图

梅岭南路桐柏路街头绿地设计鸟瞰图

梅岭南路桐柏路街头绿地更新前

梅岭南路桐柏路街头绿地设计效果图

枫桥路梅岭北路街头绿地

曹杨环浜自然课堂

3.4.2 慢行友好社区

规划以为所有人提供安全的街道空间、提升绿色出行可达性为目的，控制机动车在部分路段的通行时间和空间，依托“101”蓝绿空间和“弯窄密”林荫道为居民提供慢行优先和慢行专用街道网络，引导居民在社区内采用步行和自行车交通出行，为居民游憩、健身、运动、休闲活动提供安全有序的高品质通行网络空间。

规划同时提出对非机动车停车及慢行空间进行精细化治理，对人行道及退界空间进行一体化改造设计。

宅前停车空间更新前

宅前停车空间更新效果图

桂巷路步行街更新前

桂巷路步行街无障碍更新效果图

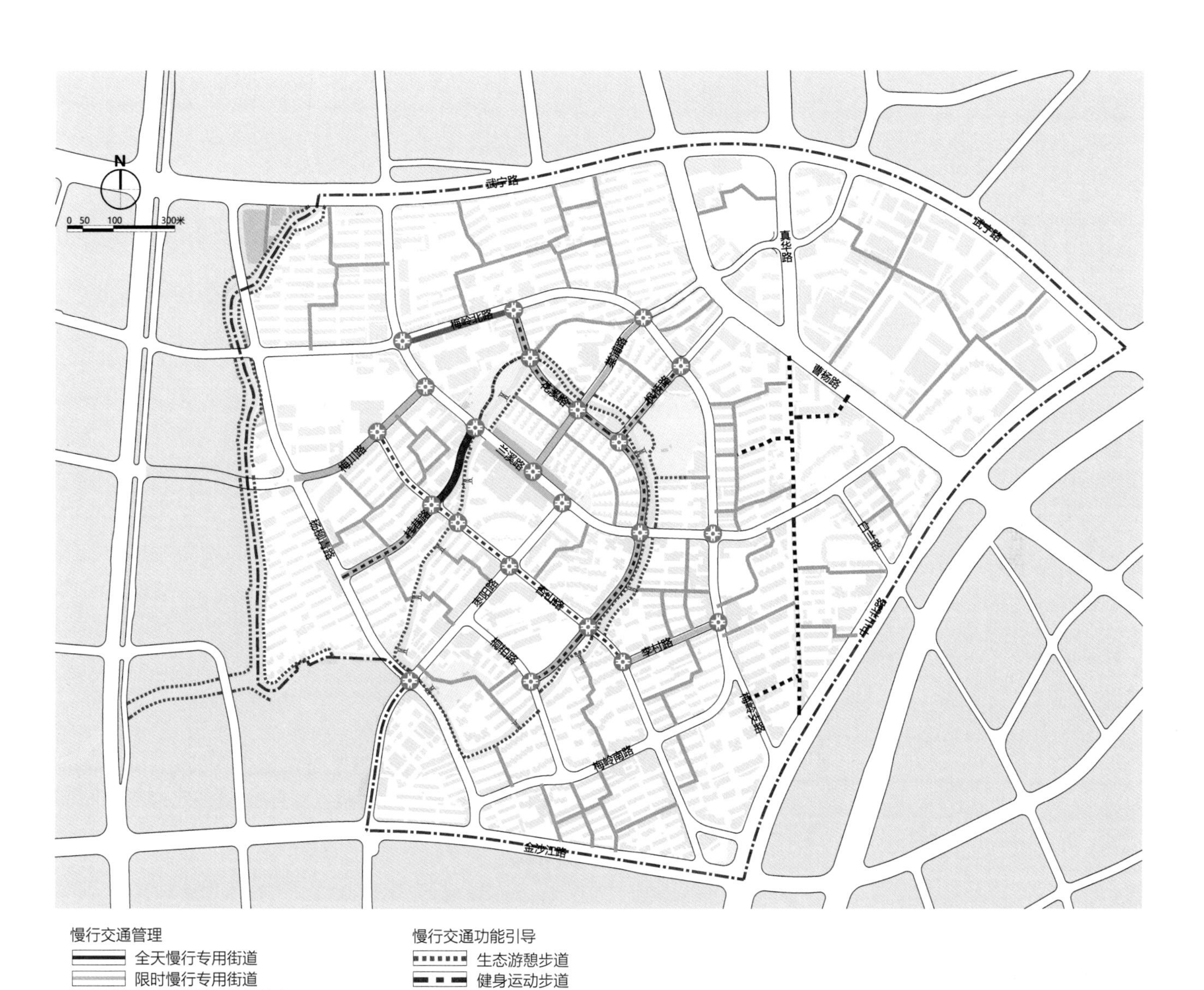

曹杨新村慢行友好体系规划图

3.4.3 老年友好社区

参照世界卫生组织（WHO）2007 年发布的《全球老年友好城市建设指南》和上海市 2015 年发布的《老年友好城市建设导则》两份指南性文件，规划提出老年友好社区建设的三大目标：老有所“养”、老有所“乐”、老有所“安”，从社区服务、户外环境、居住空间、公共设施、交通与慢行等方面提升为老服务品质。

规划基于老年人日常活动半径和活动频率，划分以 500 米半径为主的社区服务圈和 200 米半径为主的基本服务圈，将社区服务圈、基本服务圈内所需的为老服务设施进行补充完善、优化布局。

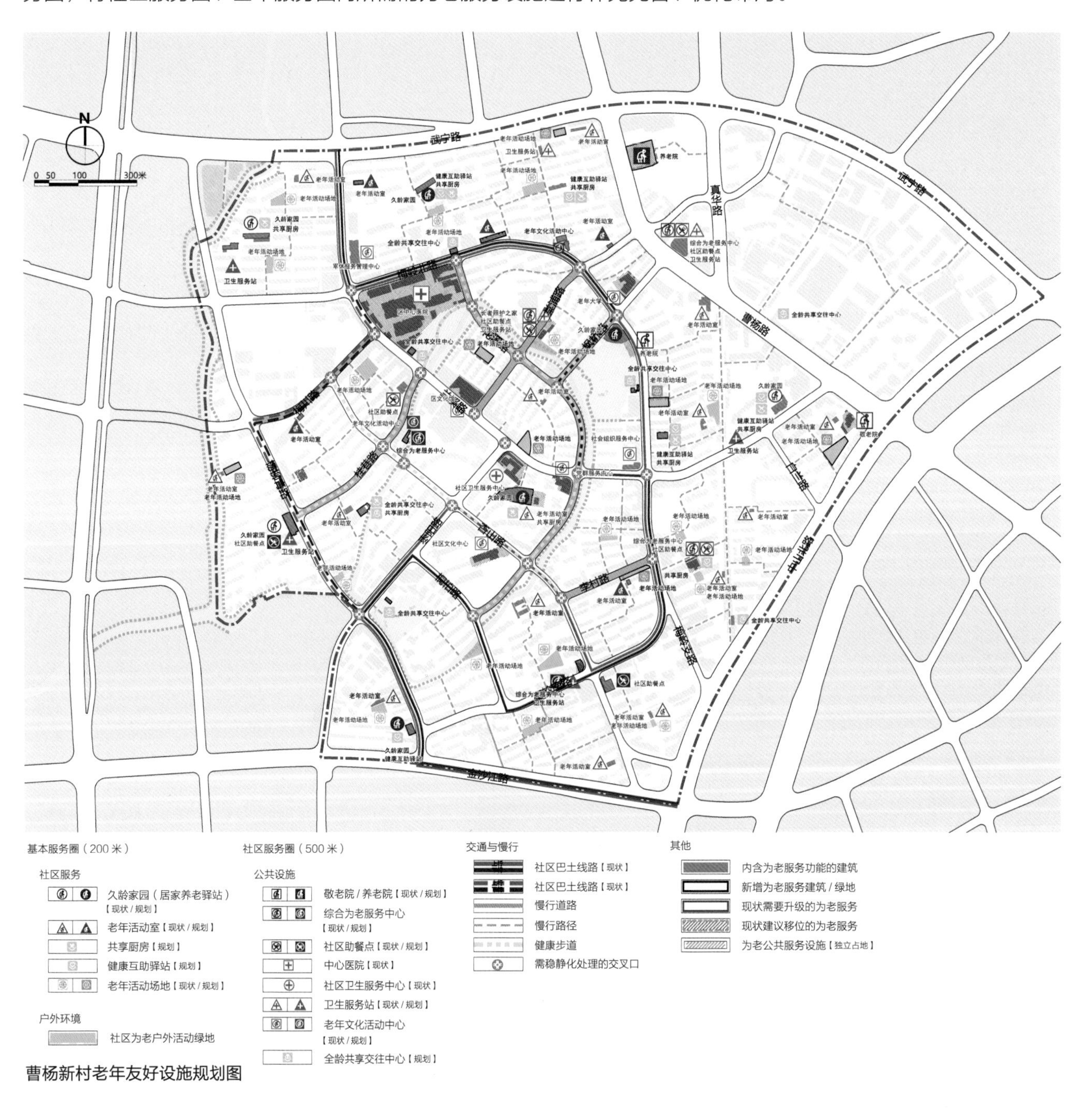

曹杨新村老年友好设施规划图

曹杨新村老年运动健身空间效果图

曹杨环浜棠浦园老年乐队排练（2021 年）

曹杨环浜碧波园老年运动健身（2021 年）

曹杨环浜碧波园老年运动健身（2021 年）

3.4.4 儿童友好社区

根据联合国儿童基金会相关文件的定义，规划提出让儿童生活在健康、安全、包容、绿色和繁荣的社区中，从而实现“儿有所知、儿有所乐、儿有所安”的儿童友好社区建设目标。

规划围绕儿童活动距离构建活动圈，根据不同年龄段儿童的活动需要和生理特点，在儿童活动范围内合理配置儿童友好型设施，打造适宜儿童生活、围绕全龄儿童成长服务的儿童友好社区，让儿童生活在健康、安全、包容、绿色和繁荣的社区中。

曹杨新村儿童活动场地效果图

曹杨新村儿童活动场地效果图

金梅园儿童游戏场地（2021 年）

曹杨公园儿童游戏场地（2021 年）

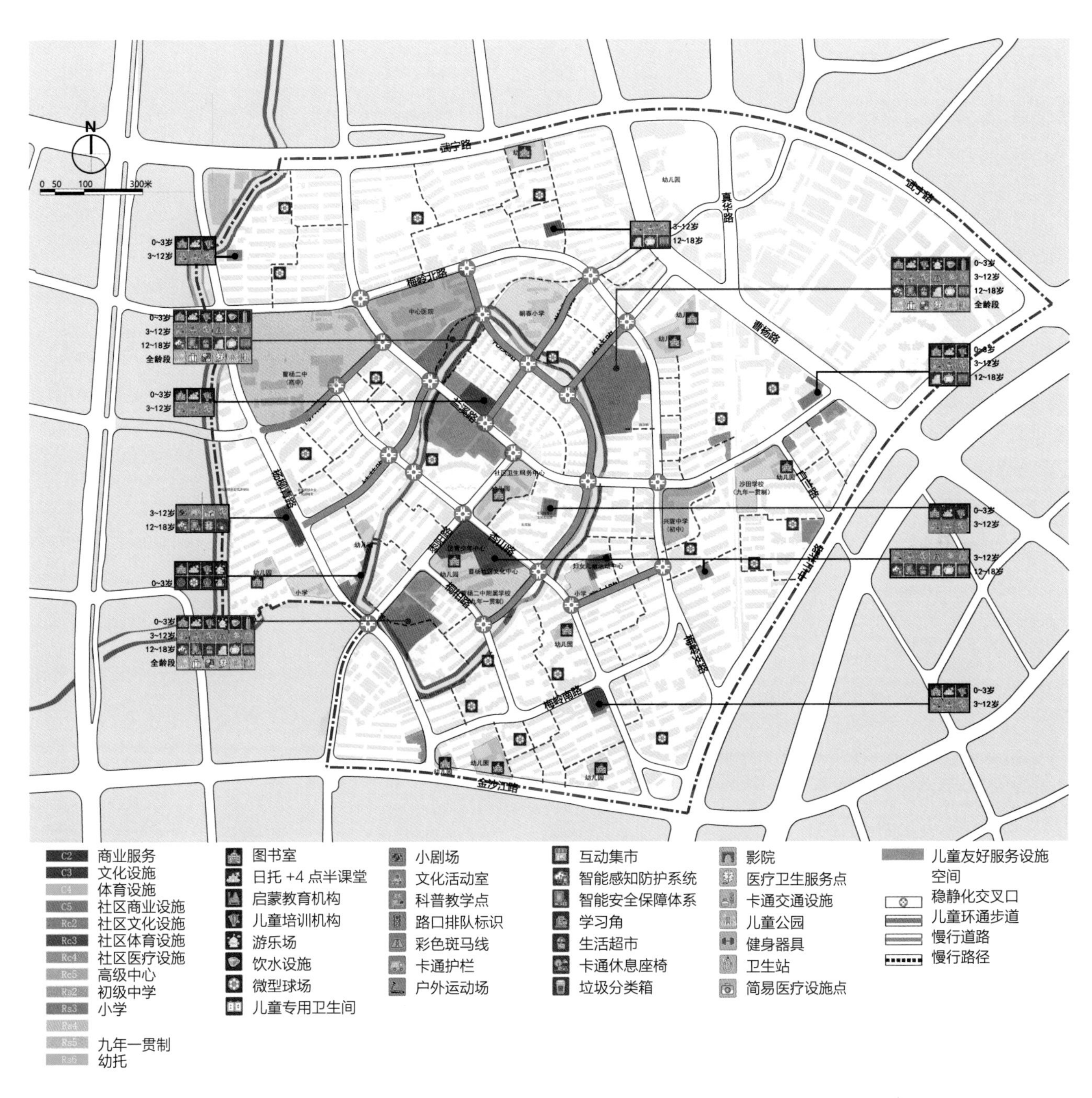

曹杨新村儿童友好设施规划图

4 蓝图：规划方案

更新规划通过各种适宜的形式将社区参与贯穿于整个更新规划编制和实施过程中，通过社区问题和空间潜力评估，将解决方案综合纳入“五宜”体系，促进空间高效复合利用和有机更新，形成规划实施项目包，并将其纳入法定控规之中。

更新规划从社区整体范围着眼，将原来各类更新项目置于社区整体空间框架中分析思考，注重社区的公共空间体系，在规划思路和实施步骤上将以住区为主的社区更新转变为以公共空间网络为重点的更新思路，将散布的更新点位通过公共空间网络的品质提升串联起来，使居民走在社区中能享受到更新的成果、感受到获得感。

4.1 共商社区需求

4.1.1 “红色议事厅”与“基层立法点”

（1）“红色议事厅”破难题

曹杨“15 分钟社区生活圈行动”充分依托街道办事处的“红色议事厅”平台发挥党建引领作用。通过“红色议事厅”将居委会、商户和居民等各方代表串联起来，有效地破解了各方之间各自为营，缺乏协调性、协同性的难题，推动社区居民参与社区更新，使“人民城市”理念落到实处。

依托“红色议事厅”三级联动机制发挥党建引领作用，收集汇总居民关注的社区议题，撬动党建引领的自治共治力量。楼组“红色议事厅”由居民区各支部书记牵头，动员党员发挥带头引领作用；居民区“红色议事厅”由居民区党总支牵头，居委会、业委会、物业这“三驾马车”和各职能科室、项目公司及党员代表、社区居民等共同参与，对居民诉求和工作难点进行讨论研究；片区“红色议事厅”由街道牵头，通过整合辖区内资源，合力破解重点、难点问题。通过基层党组织负责“牵”、各方代表共同“议”、力量资源统筹“用”，形成“有事要商量、遇事多商量、成事共商量”的解决方式，有效点燃居民参与社区更新和治理的热情，为打造高品质家园共同努力，让社区治理在多方商议中实现社区事务共同参与、小区矛盾共同解决、小区环境共同创建、小区文明成果共同分享的良性循环。

枫杨园“红色议事厅”综合修缮专题会

北梅园“红色议事厅”综合修缮专题会

（2）“基层立法点”汇民意

曹杨新村街道作为普陀区唯一一家上海市人大常委会基层立法联系点，紧扣基层属性和连通属性，以接地气、察民情、聚民智为目标，发挥桥梁纽带作用，以党建为引领，积极畅通社情民意反映渠道，不断拓宽人民群众有序参与的途径，将社区治理中的难题与立法征询工作相结合，把人民民主的制度优势转化为社区治理效能。

“基层立法点”结合“红色议事厅”平台，鼓励更多的居民参与到“15 分钟社区生活圈行动”中，并将立法征询中同步收集到的人民群众反映的意见与建议融入社区更新中，尤其是对急难愁盼问题加以分解落实、积极推进解决，让居民真切感受到当家做主。

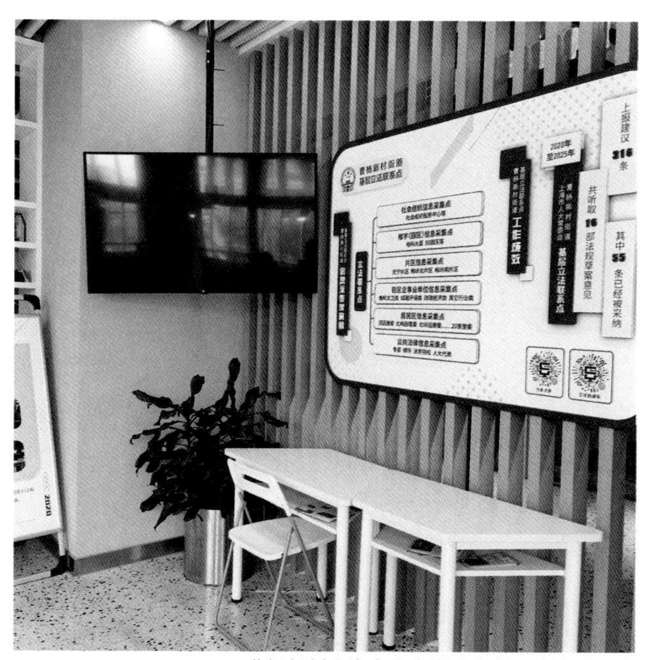

曹杨新村上海市人大常委会基层立法联系点

武宁片区“红色议事厅”

4.1.2 “曹杨 15 分钟社区生活圈征集令”

曹杨新村街道办事处通过发布“曹杨 15 分钟社区生活圈征集令”，向新村居民征集各类改造提升意见和建议。征集内容围绕建设安居乐业、和谐和睦的高品质社区，涉及服务设施、社区环境、居住品质、交通出行、街道景观、建筑风貌、文化建设等社区生活的方方面面。

居民可向居委会提交纸质问卷，参与“15 分钟社区生活圈行动”，也可通过小区公告栏、业主群、公众号等途径公布的二维码扫码参与行动，在微信社区平台随时随地记录需求和想法。对于社区相对集中或迫切的问题，可以在专题访谈会上与街道领导面对面深入交流。

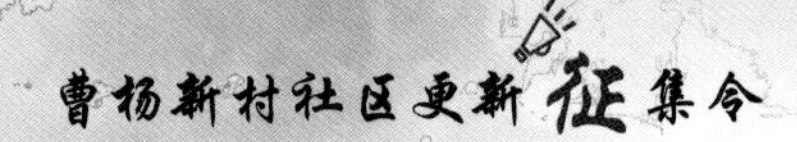

社区不仅是一块地域范围，更是居民所组成的社会生活共同体。

2021年适逢曹杨新村建立70周年，新时代新发展理念对曹杨新村的更新提出了更高的要求。为传承曹杨社区文化与历史风貌，全面提升人居环境质量，打造美好生活的共享社区，我们需要您的共同参与！

现向新村居民征集各类改造更新意见、建议和金点子。

征集主题：美好曹杨 人人参与

征集目的：为建设居民满意幸福的美好家园，围绕曹杨更新改造，邀请社区居民一起共建共治。为社区建设出谋划策，助力曹杨未来发展。

想出门散散步？
购物娱乐不方便？
菜场环境需要提升？
广场舞场地找到了吗？
地铁站到家没有交通工具？
老年活动中心，儿童乐园有点远？
汽车、助动车停放充电点不够用？
……

征集内容：
围绕建设居民安居乐业、和谐和睦的高品质社区。无论是住房环境还是交通出行，上到增设社区服务中心，下到活动空间设施维护和更新，只要是你生活中所能想到的点点滴滴（包括但不限于服务设施、社区环境、居住品质、交通出行、街道景观、建筑风貌、文化建设等各个方面的意见或建议），都可通过参与活动与我们分享。

征集方式：
1. 纸质问卷调查——足不出户参与社区更新
居委会门到门纸质问卷发放与回收。

2. 微信至社区平台——随时随地记录下你的新需求与新想法
通过小区公告栏或微信公众号（业主群）公布二维码扫描参与更新活动。

3. 访谈——与街道领导面对面
针对较为集中或迫切的问题，举行专题访谈会。

“曹杨新村社区更新征集令”海报

曹杨新村居民主要意见梳理一览表

主要问题	问题陈述
居住环境不好	住宅建筑面积过小，居住拥挤； 不独立成户，没有独立的厨卫设备，卫生条件较差； 房屋租借多，外来人口数量上升，难以管理； 社区缺少绿化、照明、围墙，地面不平整
公共设施陈旧	缺少社区福利和休闲健身设施； 核心区设施可达性较好，但过于陈旧，更新维护情况不好
公共空间老旧 开放性不足	环浜是最常使用的健身场所，但由于围墙、建筑等原因，可达性和通达性不足； 缺少休憩停留空间，设施老旧； 外围组团活动空间不足，尤其室外空间不足
停车困难 出行条件不佳	车位太少，停车难、乱停车情况普遍； 公共交通便利程度分布不均，换乘不便； 违规停车，影响出行环境； 二村、三村、七村等（外围组团）改善步行环境需求强烈

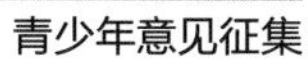

青少年意见征集

居民问卷调查

4.1.3 社区意见与问题提炼

基于多种途径收集并汇总的居民关注的议题与规划技术团队调研发现的问题，共同形成一张按“五宜”分类汇总的社区需求清单，作为指导下一步更新规划设计，解决社区痛点、难点和主要问题的依据。

曹杨一村更新前

社区文化中心更新前

桂巷坊更新前

百禧公园更新前

曹杨新村社区更新需求清单

宜居	住宅人均居住面积普遍较小，无法满足现代化生活需求 *** 住宅建筑陈旧，内有部分违章建筑，破坏居住环境 ** 住宅建筑不成套数量较大，没有独立的厨卫设备，卫生条件较差 ** 社区内老年人口较多，急需对社区进行适老化改造 ** 由于住房无法成套交易，原住民纷纷搬出，房屋租借，外来人口数量上升，难以管理 ** 商业业态不丰富，难以满足居民需求，长期以来只有一家曹杨商城 * 社区商街整体形象不佳，对风貌有一定影响 ** 社区内停车空间不足，停车困难 * 居委会等社区服务空间多位于小区内住宅建筑一层空间，难以满足非本小区居民的日常使用 * 老旧小区内普遍反映，希望地面绿化、照明、户外晾晒空间等与居民日常生活有关的环境有所改善 *
宜业	西侧以纯生活居住功能为主的，具有传统意义的曹杨新村内部的商办楼宇普遍较为老旧，且与居住空间穿插，空间利用效率较低 *** 东侧以大院、大所为主的武宁科技园区功能复合性不足，与社区融合不够 *** 社区整体缺乏嵌入式共享办公空间 ***
宜游	公共绿地与广场总量不足，街头绿地品质有待提升 *** 附属绿地开放度需要进一步提升，作为总量不足的补充，方便居民使用 *** 现状环浜绿地通达性不足，部分路段被围墙、建筑、设施隔断，环浜公共空间未串联成网 ** 社区东侧公共开放空间不足，结合现状铁路市场更新为公共开放空间——百禧公园，补充游憩与服务设施的不足 ** 社区缺乏运动场地与户外活动场地，老旧小区内户外健身设施有部分受损 * 社区整体缺少休憩停留空间 * 部分道路步行环境不佳，路面不平整且通行宽度不足 *
宜学	幼儿园西侧服务覆盖度不足 *** 校区与社区联动不足 *** 社区内有一定的比例的亲子家庭，养育托管点需要进一步补足 ** 曹杨影城、村史馆、社区文化中心、新华书店等设施相对陈旧，需要进一步更新 **
宜养	社区老年人口比例较大，老年服务设施存在服务盲区，覆盖不全 *** 社区卫生服务站存在服务盲区，覆盖不全 *** 文化活动站多设在小区内部，部分设置在二层，且开放时间不够，老年人使用不便 * 部分小区内活动空间缺乏无障碍坡道 *

注：* 为居民普遍提出的需求，** 为街道及居委提出的诉求，*** 为规划技术团队调研发现的问题。

4.2
共绘美好愿景

4.2.1 社区营造工作坊

由街道和社会共同推动，广泛宣传，积极促进，开展一系列参与式交流推广活动，使社区居民及社会公众全程充分参与曹杨新生活谋划中，共同勾画社区美好未来。

同济大学与街道共同组织了社区工作坊，与社区居民代表们分别召开座谈会。座谈会围绕社区整体印象、环境场地、服务设施、停车交通等多个角度展开。居民代表纷纷发言，详尽表达了对社区现状问题的看法以及对未来社区提升的希望与建议。居民们针对具体问题和自己的构想，用示意简图的方式与专业技术人员进行交流。

"曹杨一村 · 社区故事馆"参与式营造工作坊

“童行曹杨 · 手绘一村”工作坊

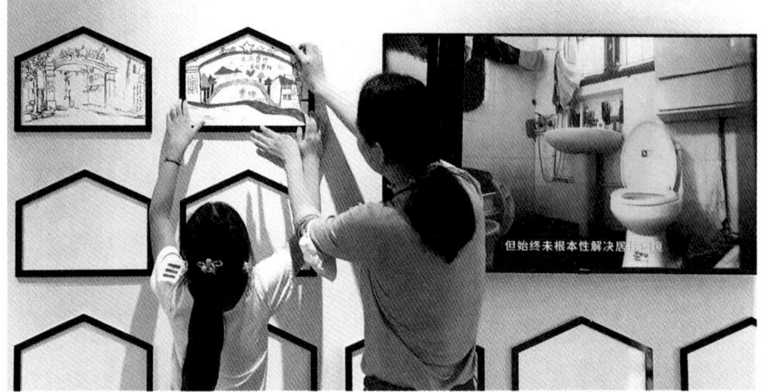

“家的模样”绘画互动

“童行曹杨 · 手绘一村”工作坊学生创作

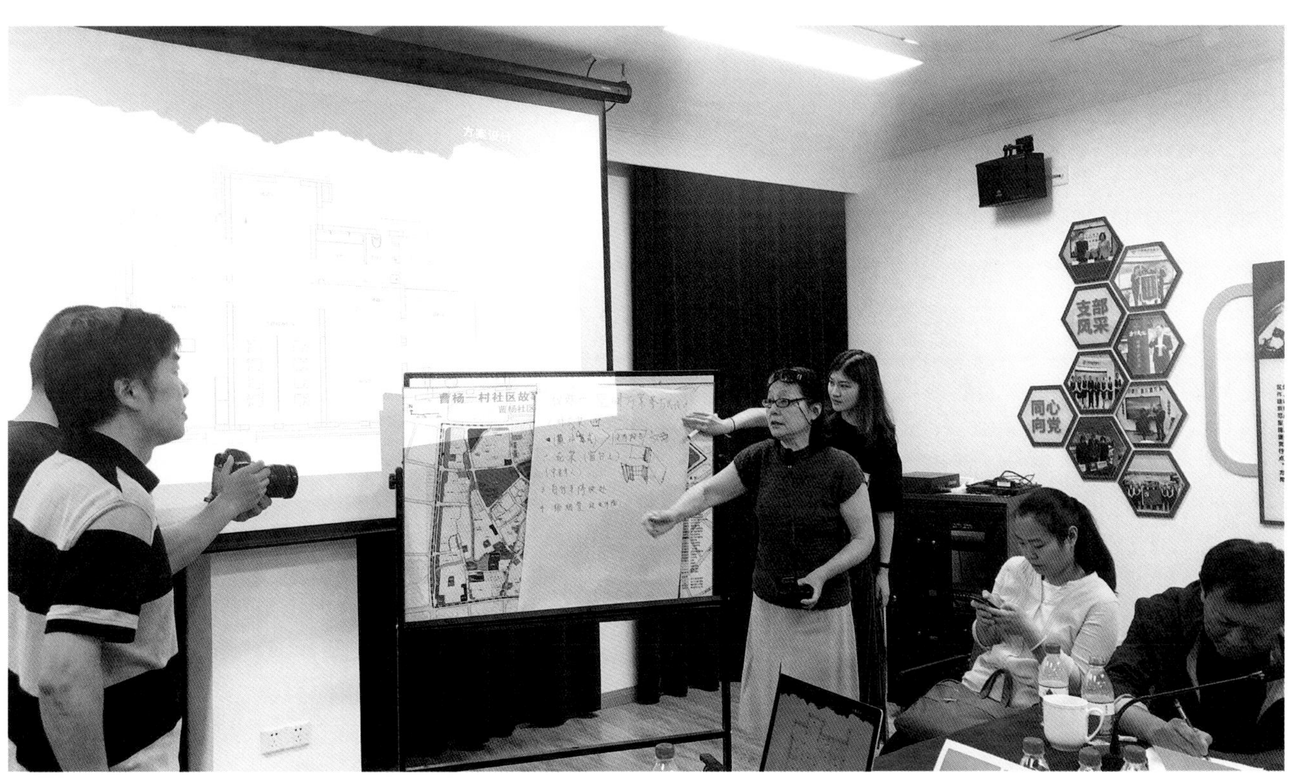

“曹杨一村 · 社区故事馆”参与式营造工作坊

4.2.2 设计方案众人筹

上海市规划和自然资源局与上海市普陀区人民政府联合举办“上海社区美好生活体验馆”创意设计征集大赛，广泛发动城市规划师、建筑师、景观师、艺术家等专业人士参与 2021 上海城市空间艺术季，助力“15 分钟社区生活圈”建构，打造更具城市温度、展现艺术魅力、洋溢浓厚文化气息的公共空间。

活动以曹杨“环浜九驿”中的杨柳青驿站为创意征集载体，聚焦公共建筑的配套服务功能、“15 分钟社区生活圈”概念演绎、文化艺术精彩点亮等内容，向全社会公开征集设计方案，力求打造一处有温度、有趣味、可停留、可体验的空间节点，激活环浜水岸活力。

设计内容包含四部分：“一河”“一馆”“一桥”“一园”。其中，“一河”即环浜及两岸滨水活动空间；“一馆”即环浜南侧规划的社区美好生活体验馆；“一桥”即横跨环浜、连接两岸生活的慢行桥；“一园”即现状的杏杨园住区。共有 78 组参赛团队提出了丰富多彩的设计构思，各组团队都力图以最佳创意、最高水平，把曹杨社区打造成幸福家园。

上海城市公共空间设计促进中心徐妍主任介绍曹杨“环浜九驿”设计方案征集背景

上海市园林设计研究总院有限公司刘晓嫣副院长介绍曹杨“环浜九驿”设计方案征集要求

上海市园林设计研究总院有限公司刘晓嫣副院长分享曹杨“环浜九驿”设计征集的方案

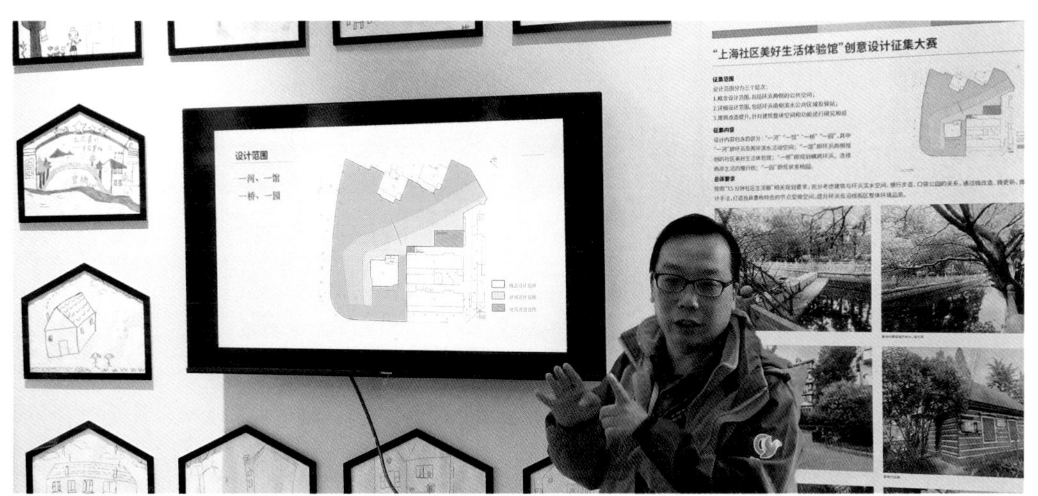

居委会干部分享看法

居民代表发表观点

曹杨“环浜九驿”设计方案征集大赛一等奖方案

4.2.3 高校师生共参与

曹杨新村街道与同济大学建筑与城市规划学院战略签约，开展高校规划设计在地教学，以曹杨新村更新为题开展规划设计教学活动。上海大学美术学院等高校也与曹杨新村街道办事处签约，将曹杨新村作为教学和人才培养基地，为曹杨新村社区更新贡献智慧。

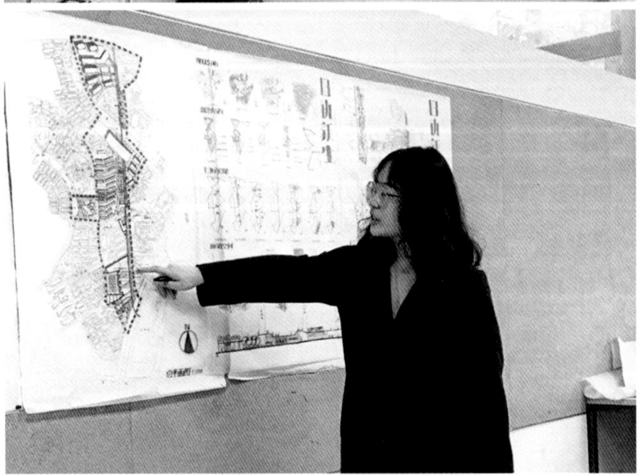

同济大学建筑与城市规划学院以曹杨新村为课题开展规划设计课程教学

高校合作教学基地落户曹杨新村签约仪式

同济大学建筑与城市规划学院曹杨新村社区教学实践基地

4.3 空间潜力评估

多专业技术团队、社会组织共同进行社区走访，构建调研评估体系，发掘可优化空间。以空间利用为目标，开展空间潜力资源的调查，列出闲置用地、闲置建筑，以及使用功能不恰当、使用效率不高的各类设施的清单，同时街道主动摸排自身的空间资源家底，并通过区政府积极协调区政府各部门、国有企业，腾挪可利用的空间资源。

区政府与国有企业现场协商

区政府会议协调

技术团队现场调研

规划技术团队将各途径收集到的空间资源，按照可开发地块、意向更新地块、低效使用或闲置空间、具有公共开放潜力的内部空间进行分类汇总，形成一张社区潜力空间地图。

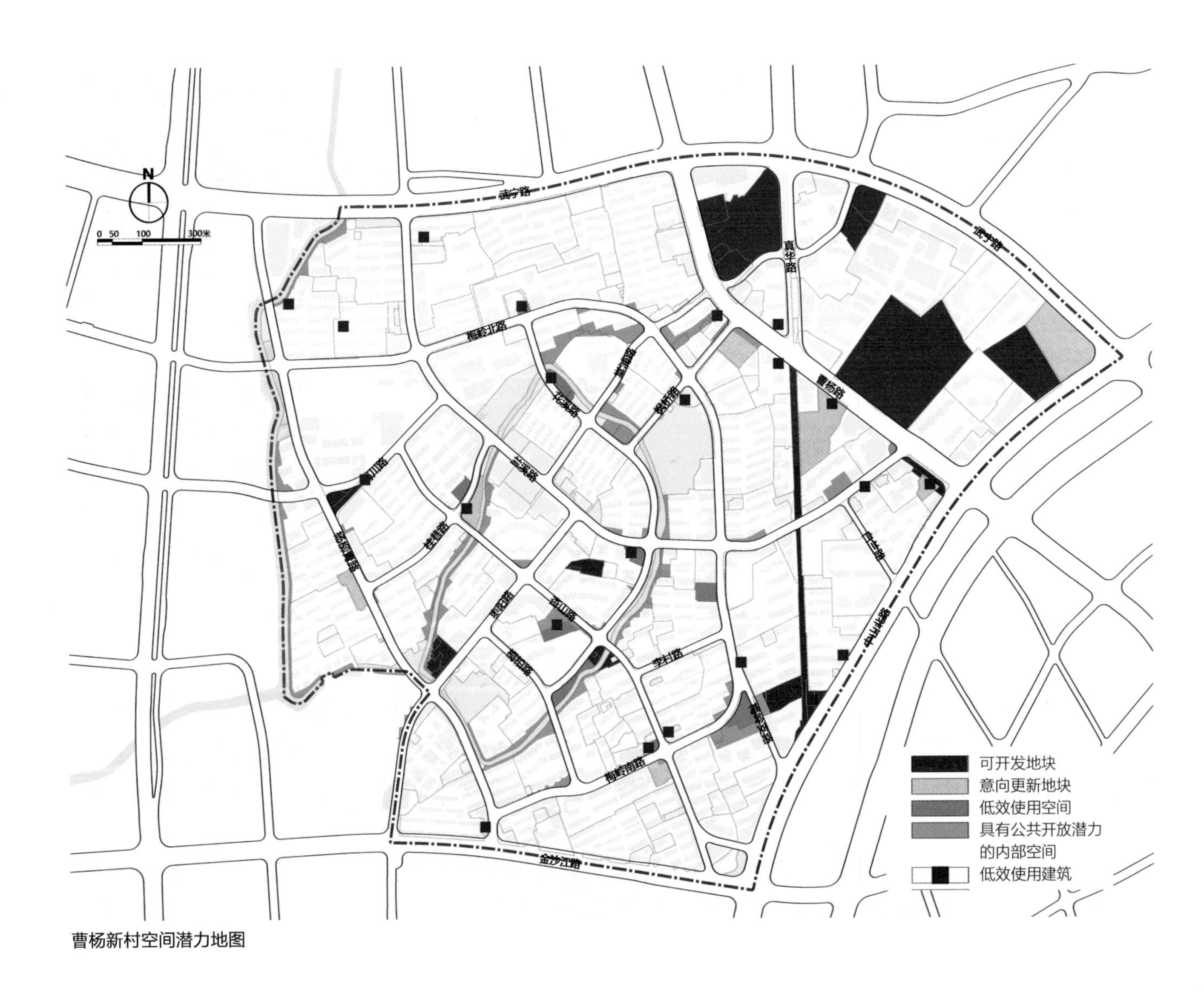

曹杨新村空间潜力地图

可开发地块

低效使用的空间

具有公共开放潜力的内部空间

闲置建筑

4.4
“五宜”社区愿景

在多途径、多方面进行基础信息调研和分析评估的基础上，对照“五宜”目标体系，以规划目标和策略为引领，编制曹杨“15 分钟社区生活圈行动”规划方案，汇总形成一张全要素、全周期、全覆盖的曹杨新村社区愿景蓝图，构建充分体现“五宜”品质的美好生活社区。

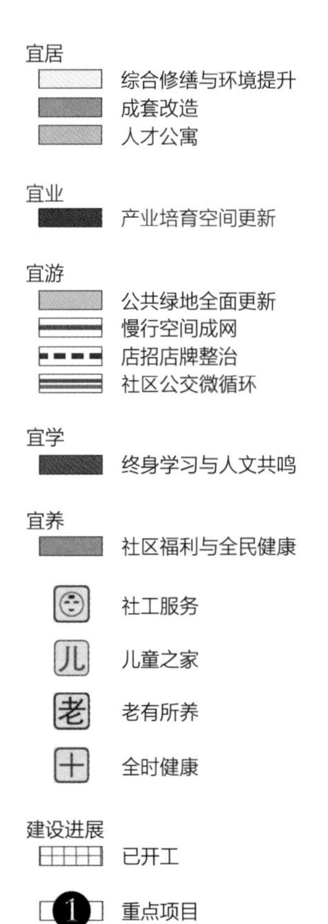

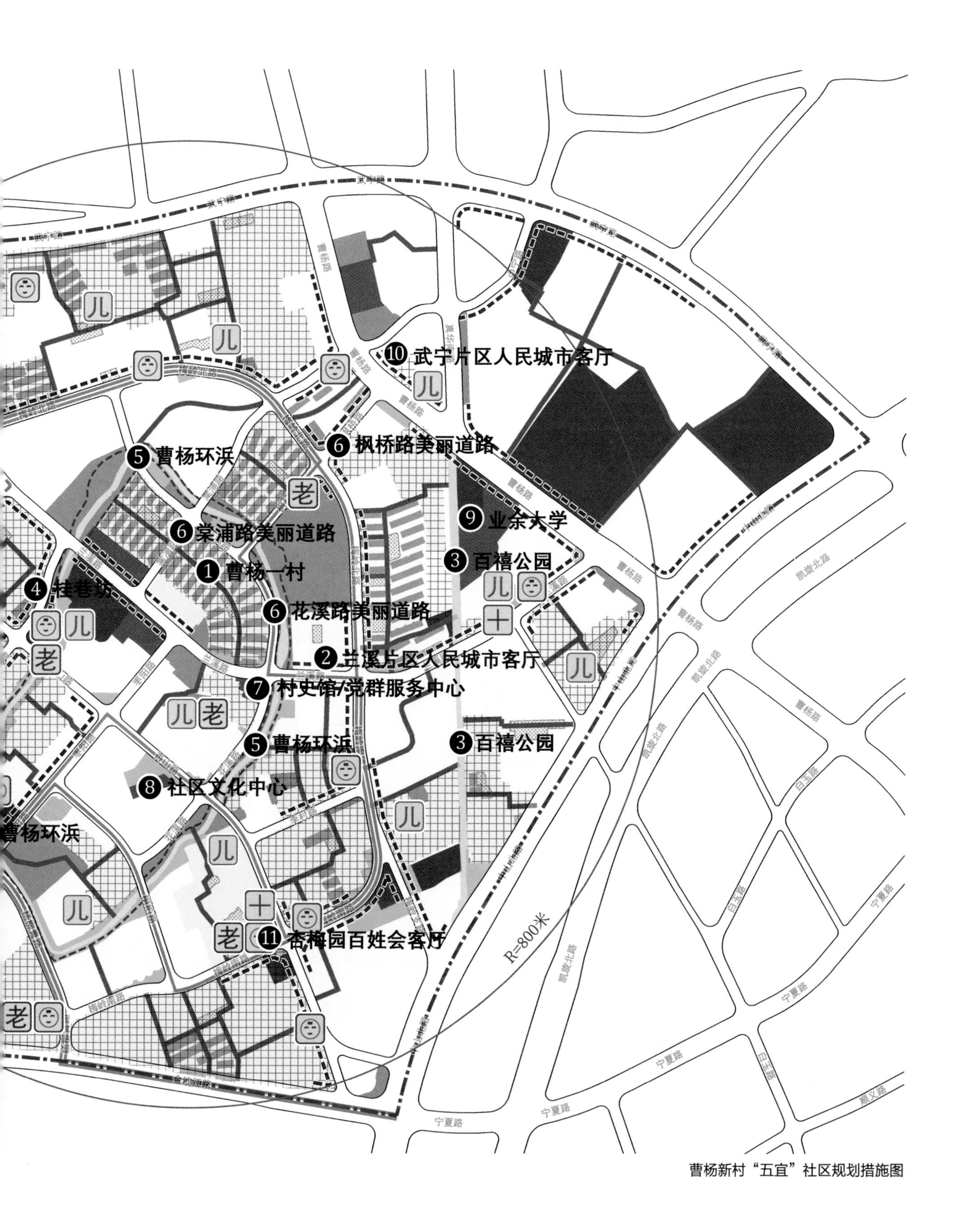

曹杨新村“五宜”社区规划措施图

4.4.1　宜居方面：强化高品质居住环境供给

按照“内外兼修、美丽宜居”的要求，围绕“安居、宜居、乐居”的总体目标，结合旧住房综合修缮和成套改造行动，推进存量提质与增量优化。规划以每个独立住区为单元，提出全要素更新要求，包括增加居住面积（厨卫改为独立使用）、住宅外观风貌整治、住区围墙改造、入口门楼增设、住区停车位规范、住区绿化场地提升、住区非机动车棚改善、住区路面提升以及住区市政管线梳理入地等。同时根据曹杨新村人口规模超大的现状，充实社区服务层级，在社区级和邻里级之间增设了片区级公共服务设施——“人民城市客厅”，内设社区食堂、社区卫生服务点、党建中心、法律咨询点、技能培训基地等功能，升级居委会服务设施——“百姓会客厅”，开展以老旧住区再提升为重点的“宜居行动”。

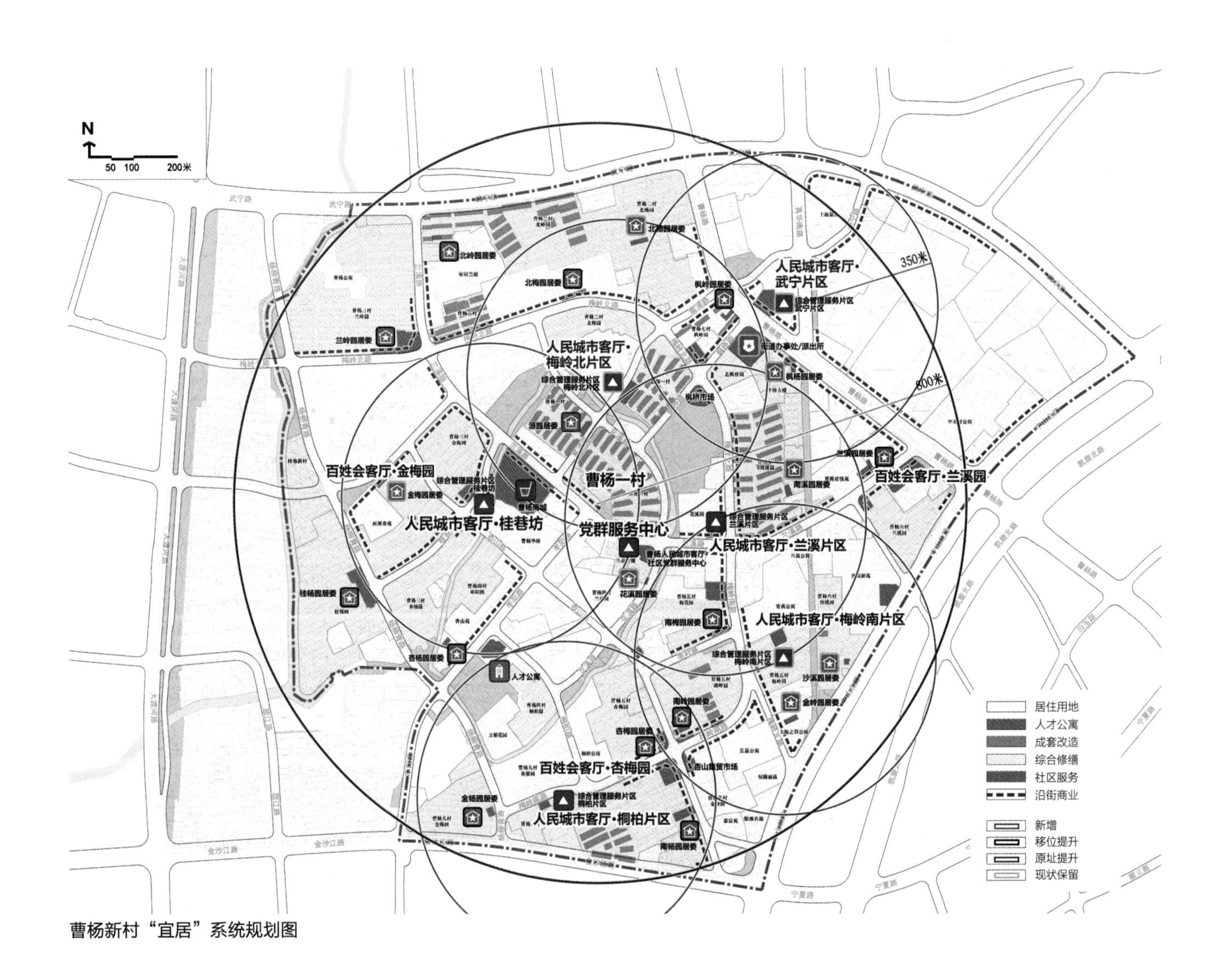

曹杨新村“宜居”系统规划图

金梅园小区出入口改造方案

兰花园小区出入口改造方案

枫桥路沿街商铺店招改造方案

梅岭北路沿街商铺店招改造方案

绢纺新村住宅成套改造后

沙溪园综合修缮后

4.4.2 宜业方面：嵌入社区产业空间

通过整合社区东北侧产业园区资源，引导社区就业和创业。充分利用现有社区和园区既有建筑，通过功能调整、空间优化以及联系路径打通，布局新楼宇、新产业，打造青年众创空间，加强社区与产业园区的联系，为社区提供更多就近且便利的就业岗位。同时利用社区着力为产业街区提供各类就业服务和就业培训服务，引入更多的年轻人，改善社区高老龄化的人口结构。

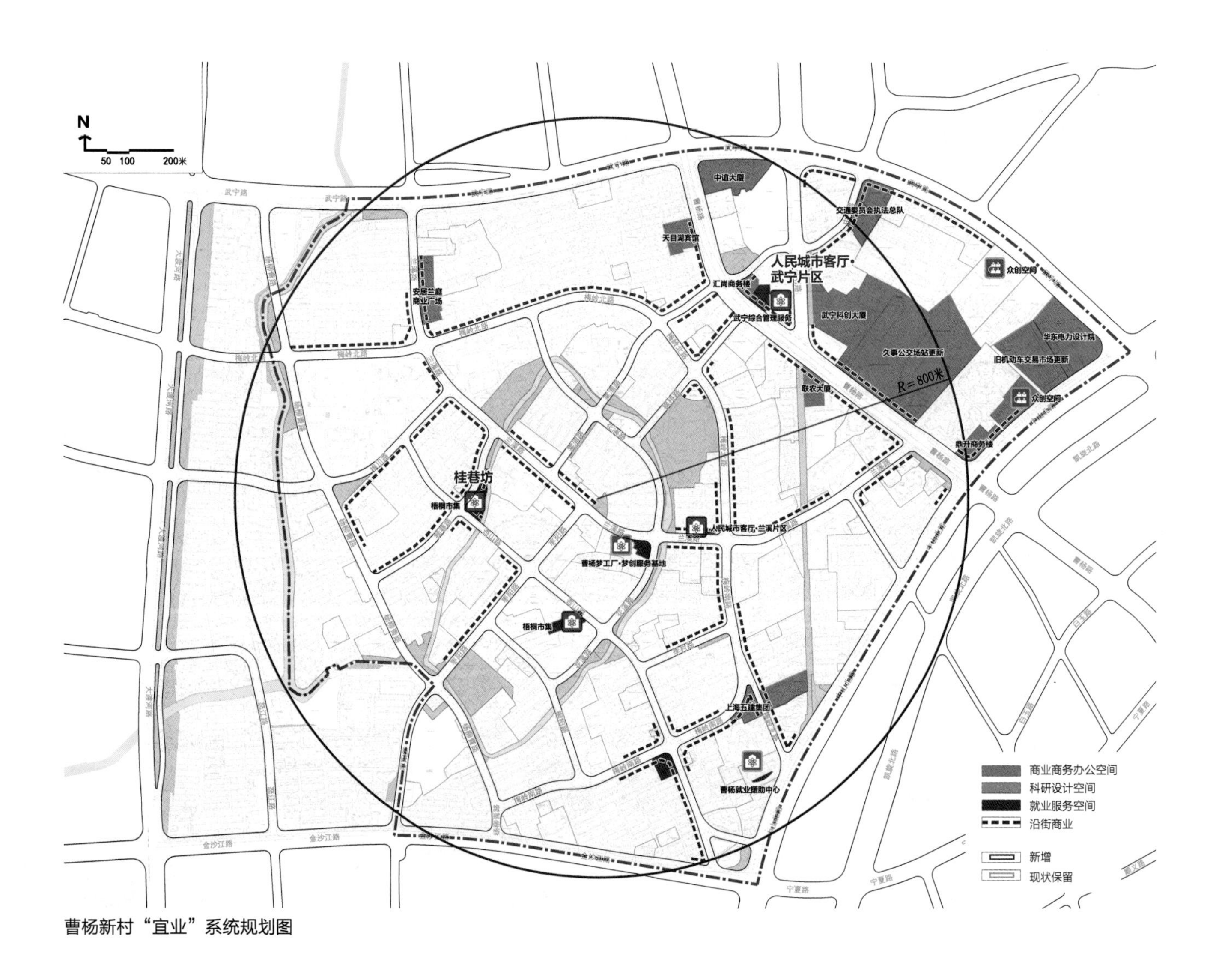

曹杨新村“宜业”系统规划图

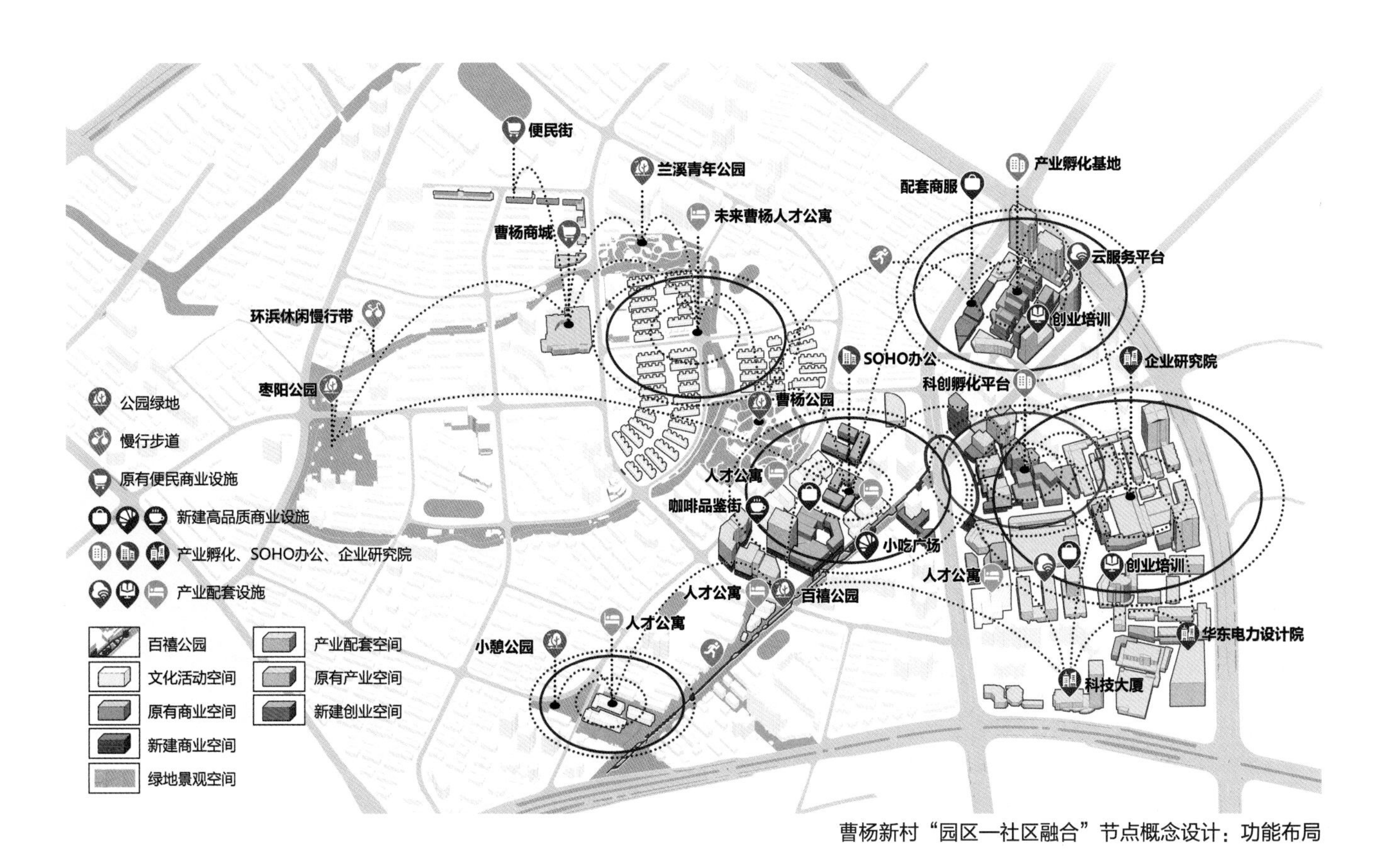

曹杨新村“园区—社区融合”节点概念设计：功能布局

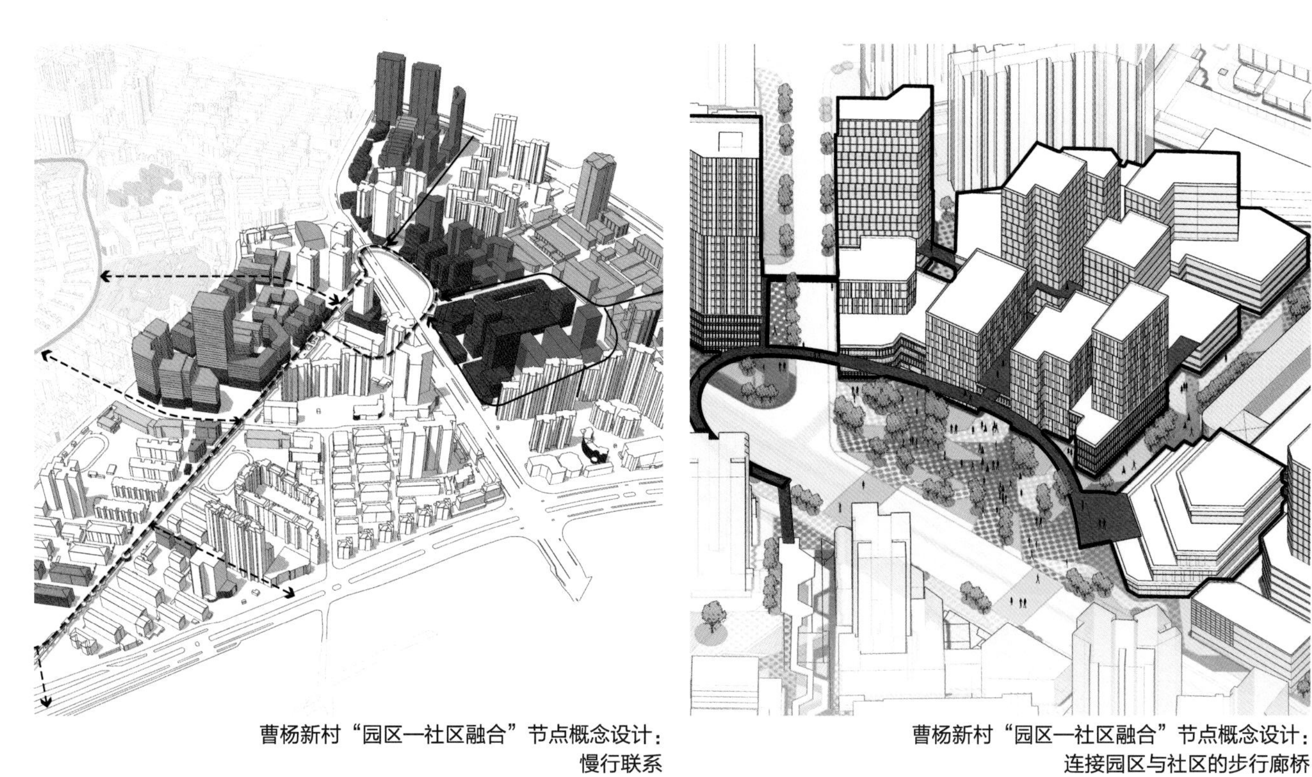

曹杨新村“园区—社区融合”节点概念设计：慢行联系

曹杨新村“园区—社区融合”节点概念设计：连接园区与社区的步行廊桥

4.4.3 宜游方面：完善提升公共开放空间体系

强化曹杨新村的结构性空间体系，构建“101”蓝绿开放空间格局。其中，重点提升具有社区特色标识的环浜蓝绿空间，贯通环浜步道，使其成为曹杨居民共享的高品质社区公共活动场所；重点开放贯穿社区的原铁道空间，建设百禧公园；未来开放桃浦河滨水空间，使公共开放空间成环成网。重点提升“弯窄密”的林荫路网的空间品质，保持其形态格局和风貌特色，为居民营造绿色、安全、活力的特色美丽街道和出行空间。完善现有的社区公交线路，提高服务覆盖率，引导居民绿色出行。

同时，因地制宜地优化住区内部的组团路交通组织，构建开放互通的慢行优先组团路系统，并提升社区绿地的开放性和环境品质，实现住区内部公共空间的开放与共享。

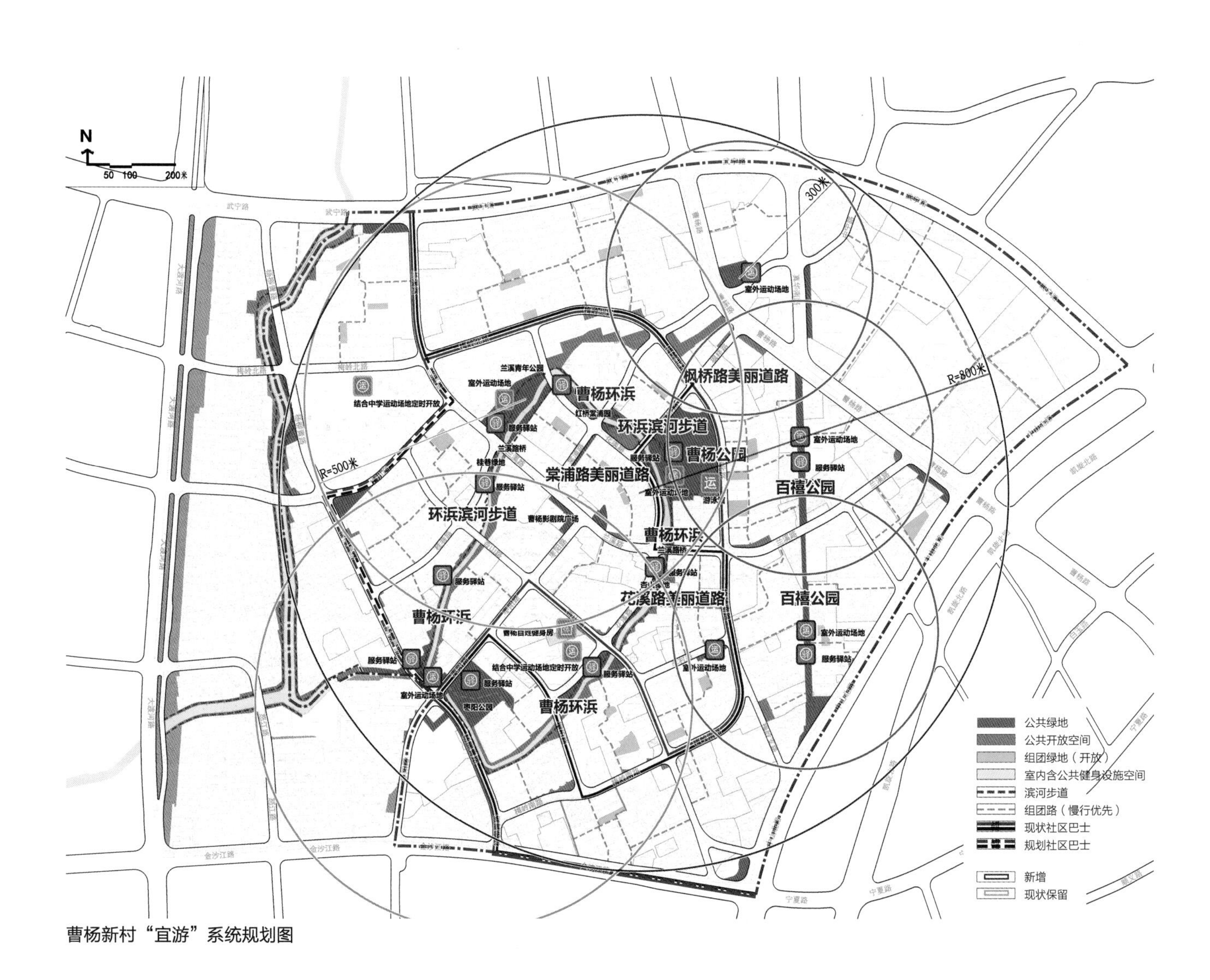

曹杨新村“宜游”系统规划图

兰溪路街头绿地改造前

兰溪路街头绿地改造方案效果图

枫桥路梅岭北路街头绿地改造前

枫桥路梅岭北路街头绿地改造方案鸟瞰图

杨柳青路美丽道路改造前

杨柳青路美丽道路改造方案效果图

4.4.4 宜学方面：建设学习型社区

依托曹杨新村优质的教育资源和文化资源，进一步面向全龄和社会服务。重点更新和改造曹杨新村村史馆以及社区文化中心，通过对现有文化场馆的品质提升和功能复合以及与属地单位共建等运维机制的创新，完善社区文化学习体系；通过上海开放大学普陀分校与社区互动，设立系列社区课堂，推进校区与社区的充分融合，将学习体系向终身学习延伸，建设学习型社区。

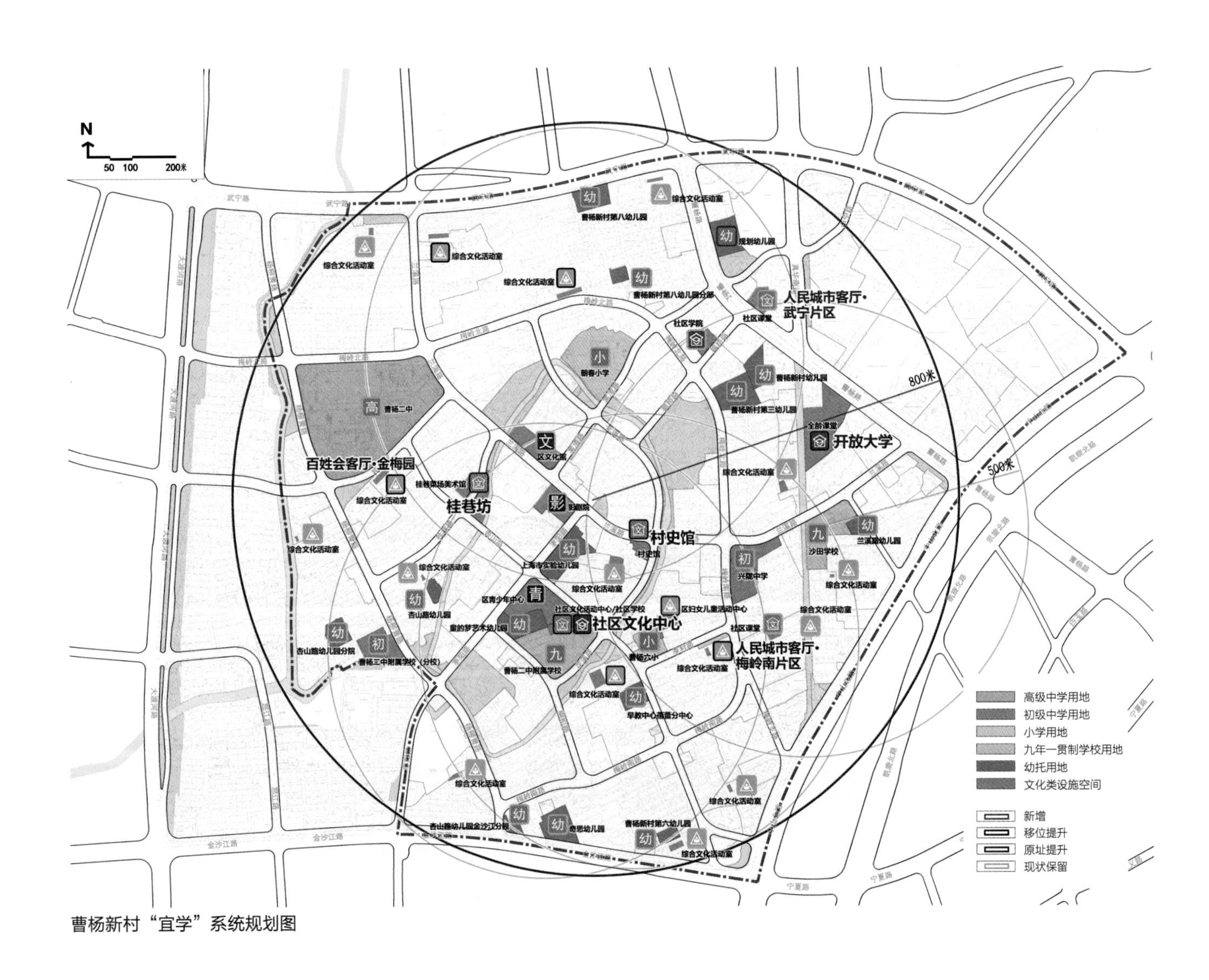

曹杨新村“宜学”系统规划图

曹杨新村村史馆改建方案立面图

曹杨社区文化活动中心改建方案内院景观效果图

曹杨社区文化活动中心改建方案入口效果图

曹杨社区文化活动中心改建方案儿童图书室效果图

曹杨社区文化活动中心改建方案广场效果图

4.4.5 宜养方面：优化健康服务设施布局

根据曹杨新村老龄人口比例高的特点，发掘利用存量建筑资源，增加为老服务的老年日托、社区食堂、活动中心、综合服务点、卫生站点、便民药房、网格化管理等功能，并依托社区四级公共服务设施合理布局社区为老服务设施，完善为老服务体系；构建智慧医疗服务体系，依托智慧曹杨数字平台，推行“互联网 + 诊疗服务”，形成全覆盖的健康生活服务圈，提供有温度的社区为老服务，构建以家庭为基础、社区为依托、机构为支撑的养老服务体系。

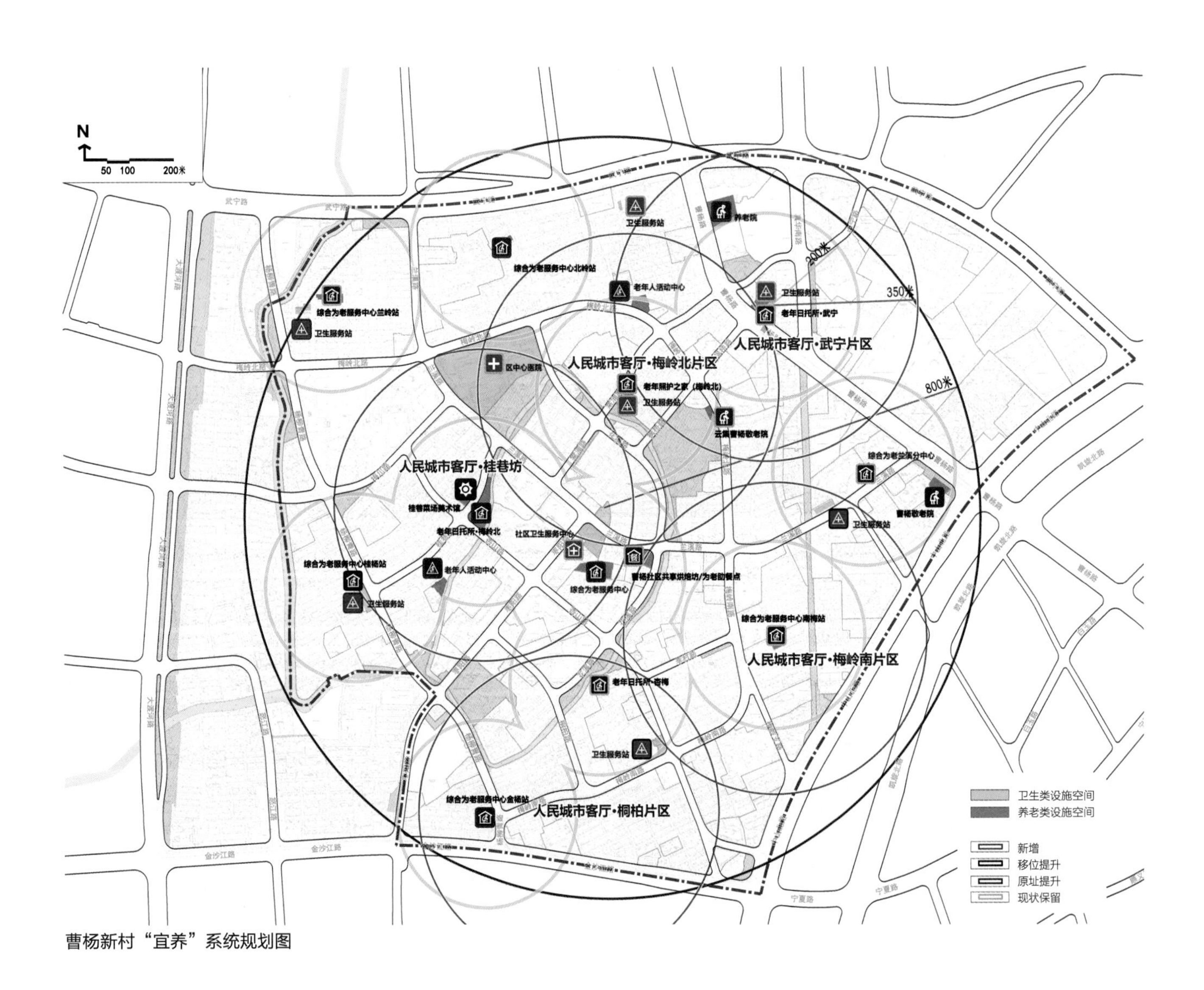

曹杨新村“宜养”系统规划图

普陀区中心医院新建急诊大楼设计效果图

普陀区中心医院新建急诊大楼设计鸟瞰图

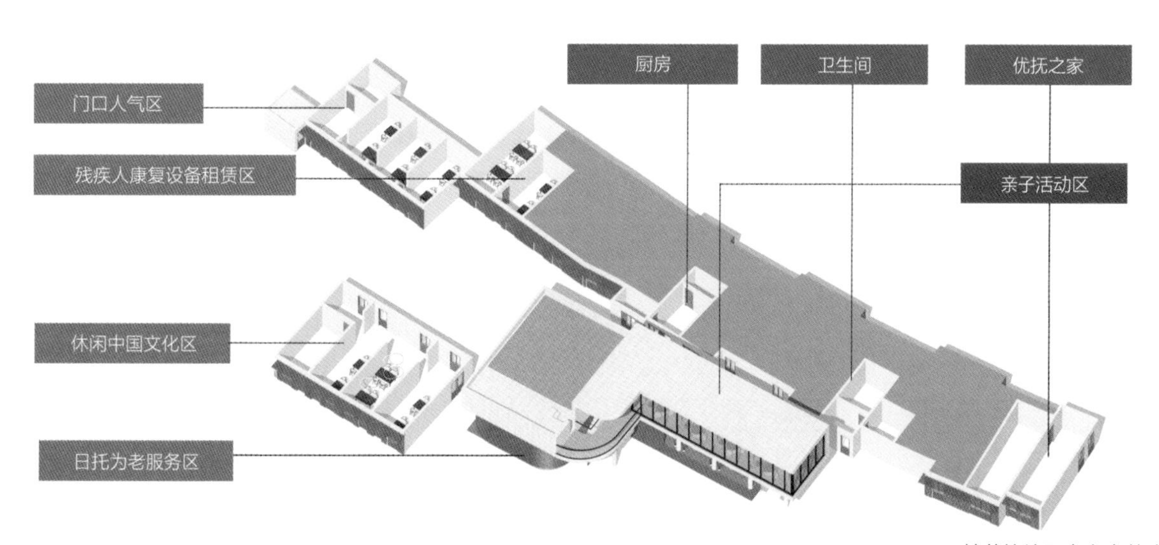

桂巷坊片区中心宜养功能设计布局图

4.5
规划设计蓝图

4.5.1 更新规划方案

为落实曹杨“15 分钟社区生活圈行动”方案，上海市普陀区规划与自然资源局启动了曹杨街道社区控制性详细规划的局部调整及优化完善。

基于对社区空间与功能布局结构的优化以及“五宜”体系的落位，本次曹杨新村社区更新规划方案涉及对控规的调整和优化包括四个方面：①局部地块的用地性质和建设容量的调整；②公共服务设施的增补；③公共绿地和公共空间的增补；④道路交通体系的优化。

（1）土地使用局部调整

本次规划公共绿地增加 5232 平方米，社区级公共设施用地增加 434 平方米；增加建筑面积共 6.24 万平方米，其中，商业办公建筑面积增加 5.01 万平方米，公共服务设施增加 2.26 万平方米，居住建筑面积减少 1.03 万平方米。

本次控规调整主要包括以下几个方面。

一是公共绿地调整。将现状闲置铁路用地调整为带状公园，并在地块内建设公共配套设施；围绕曹杨环浜，增加公共绿地，优化局部用地功能，增加公共服务设施；沿桃浦河两侧增加公共绿地，以此落实曹杨新村社区“101”蓝绿空间格局和生态服务功能。

二是局部地块进行更新和开发，调整开发强度。更新地块适度提高开发容量，满足功能转型升级需要，促进社区—园区融合发展，并平衡更新成本，提高项目可实施性。

三是完善社区公共设施布局。对不涉及土地使用性质调整的文化、卫生、养老、运动等各类公共服务设施，以综合设置的形式标示在图则中，为社区级以下公共服务设施和运动场地布局提供布局要求。

四是修正地块边界。结合现状土地权属和更新项目实施需要，对地块进行合并与拆分，保证土地实际权属边界与规划图则的一致性。

五是增加连通道、步行桥梁。沿百禧公园、曹杨环浜沿线增设连通道和步行桥梁并标示在图则中，为横跨市政道路、河流的人行空间建设实施提供依据，落实慢行空间网络。

曹杨社区土地使用现状图

曹杨社区土地使用规划图

（2）公共服务设施增量提质

根据社区人口结构特征和现状公共服务设施的基本情况，结合社区需求，参照《上海市 15 分钟社区生活圈规划导则》要求，在曹杨新村现有公共服务设施的基础上进行统筹配置。

考虑社区人口老龄化程度高，将为老设施的增量提质作为重点，优先考虑老年人的社区生活服务设施的充实和完善，建设“老年友好社区”。同时关注儿童和青少年等社会群体的需求，差异化地配置公共服务设施，整体提升社区的公共服务品质。

曹杨社区公共服务设施现状图

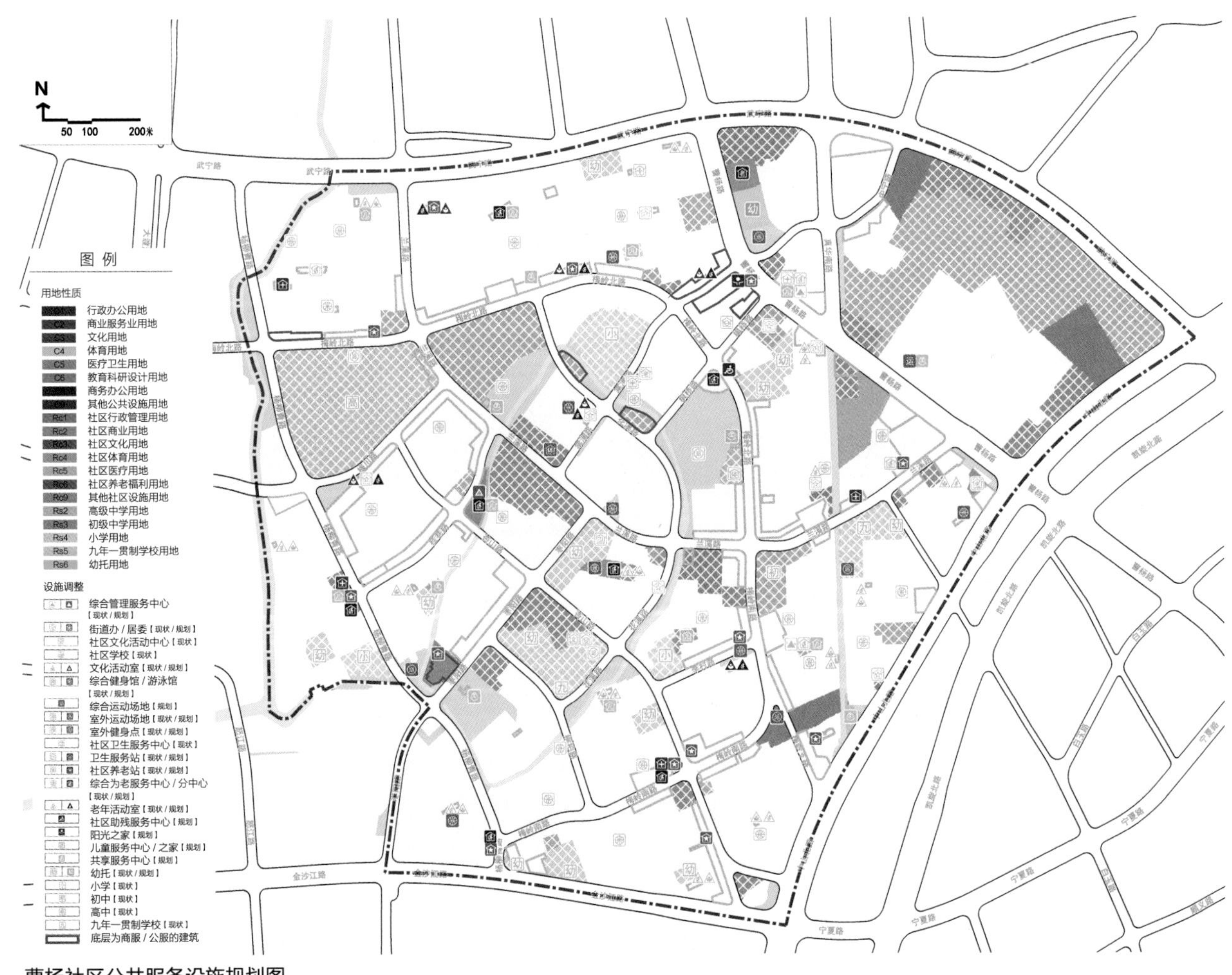

曹杨社区公共服务设施规划图

（3）道路交通优化

“弯窄密”的道路格局和诸多丁字路口的交通组织方式是曹杨新村的重要空间特征。基于曹杨新村空间格局与历史文化风貌的保护与传承，规划在原状保留原有道路宽度、道路横断面的前提下，进一步优化交通组织，局部连通少量支路，同时构建慢行优先的街坊路、组团路、滨河路系统，倡导绿色出行。

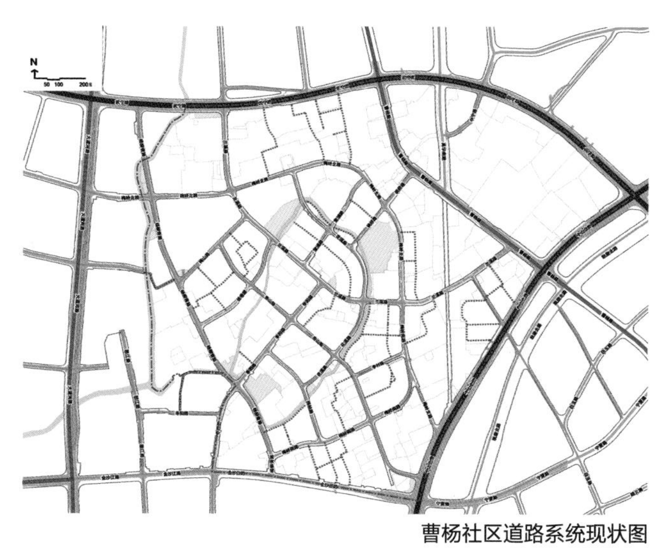

曹杨社区道路系统现状图

图例

道路系统
快速路
主干路
次干路
支路
支路（规划贯通）
组团路（现状保留）
组团路（修复贯通）
沿河步道
现状步行桥（保留）
规划步行桥（新增）

交通管理
单向支路
慢行专用支路
路内停车带

曹杨社区道路系统规划图

（4）公共空间完善提升

曹杨新村整体绿化基础较好，但绿化质量相对一般。规划以曹杨环浜、桃浦河以及百禧公园为架构，融入普陀区“蓝网绿脉”，建设人性化、高品质、富有活力的“101”蓝绿公共空间结构体系，营造完整的社区开放空间和公共活动场所。在此基础上充分挖掘社区零星边角空间，改善公共绿地和小区组团绿地的绿化观赏性和生态环境，创建宜人的生活氛围和良好的人居环境。

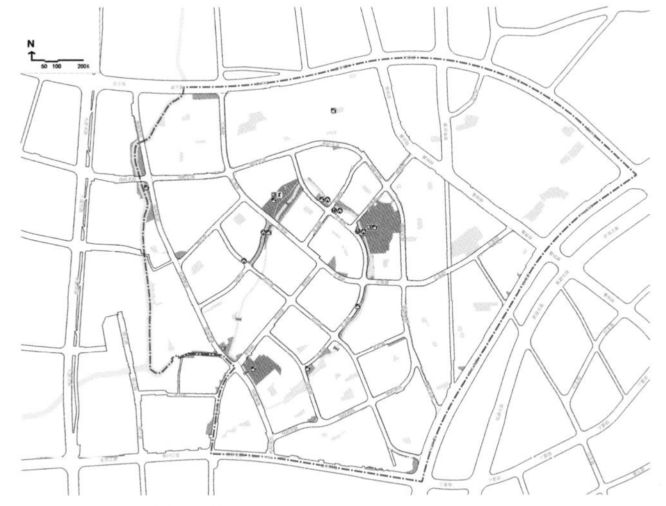

曹杨社区公共空间现状图

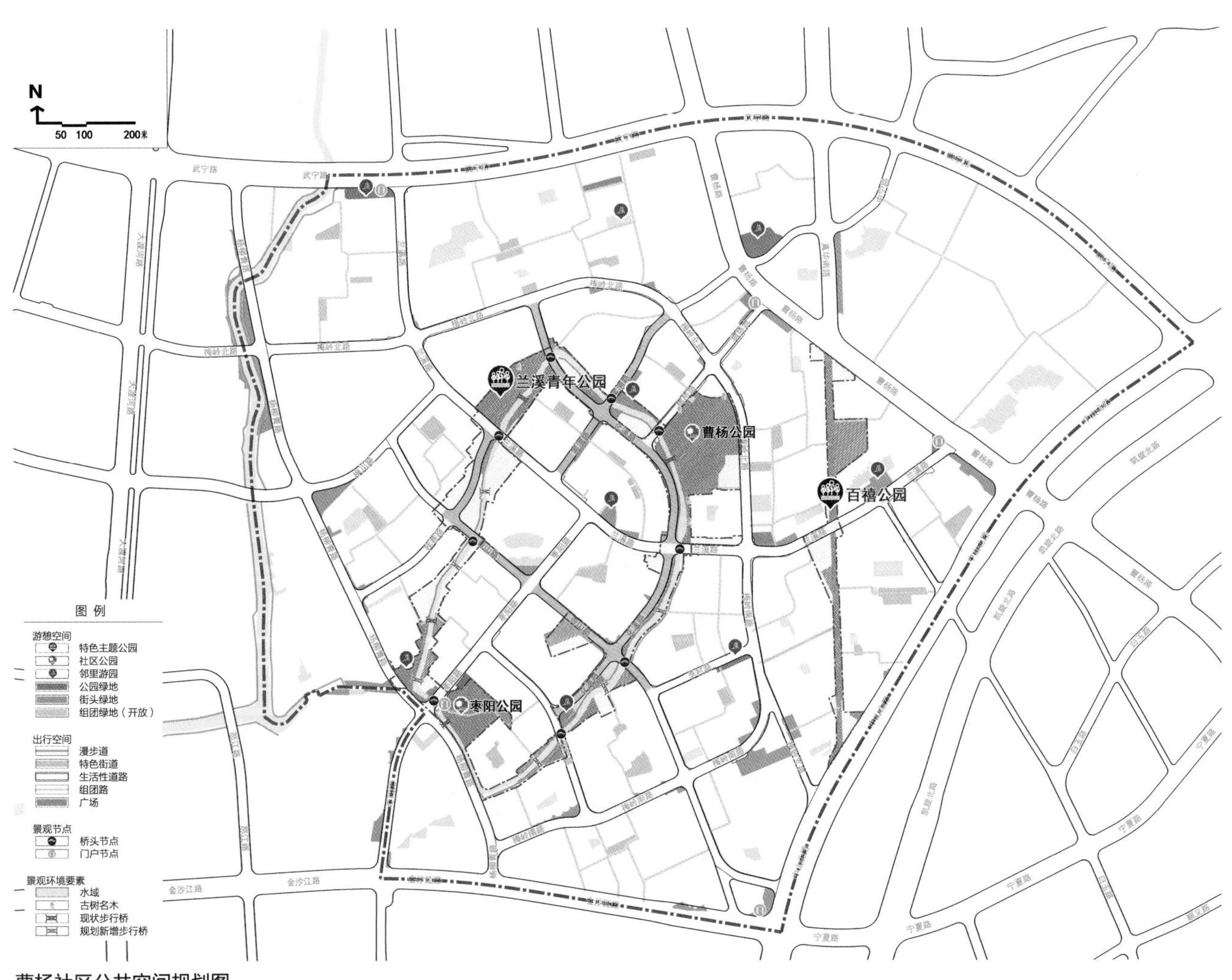

曹杨社区公共空间规划图

4.5.2 控制性详细规划调整对接

为保障更新行动中各类项目合法合规实施，规划技术团队汇总了曹杨“15 分钟社区生活圈行动”规划方案中涉及对曹杨新村街道原控制性详细规划调整的内容，由市、区两级规划管理部门按法定程序完成对规划的调整工作。

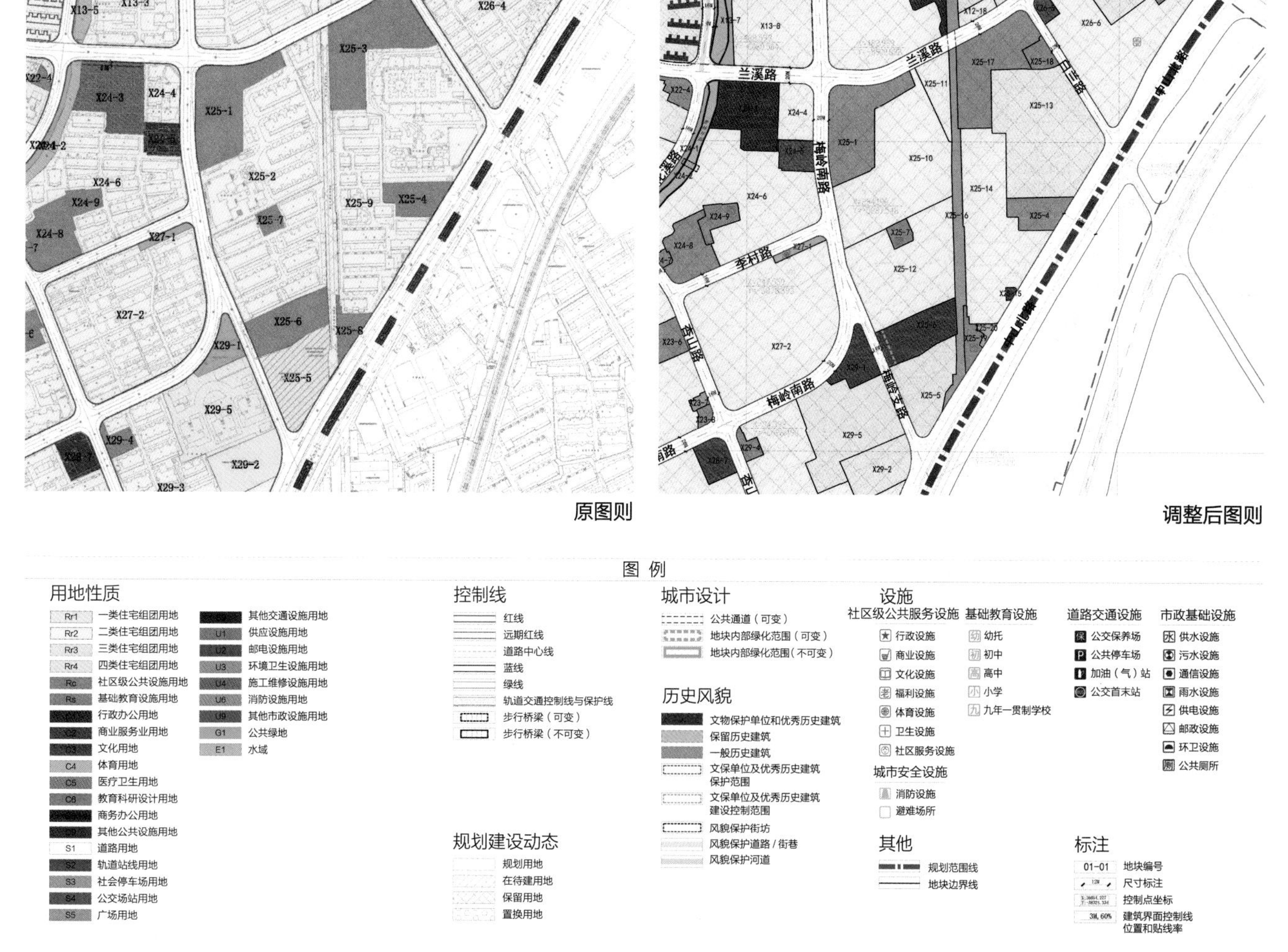

曹杨社区控制性详细规划图则（局部）调整示例

4.6 “五宜”行动方案

以规划蓝图为基准，结合社区“十四五”发展目标和各部门计划，按项目所在地块统筹形成重点项目包，绘制近期重点项目图和近期重点项目包的“一图一表”，形成一个在3年周期内需要完成的项目库。街道会同区级各部门、相关企业、居民代表，综合考虑项目实施的难易程度和居民需要的急迫程度，明确1年的工作和3年的节点，形成1至3年行动计划，近、中、远期分阶段实施。一年一评估、一年一更新，按照“成熟一批，推进一批，储备一批”的原则，动态优化更新项目。

确定百禧公园建设及两侧风貌整治，曹杨环浜红桥段、花溪路段和枣阳坊段提升，曹杨一村、桂巷坊更新提升，小俞家弄更新，花溪路、棠浦路、枫桥路、兰溪路整治提升以及其他老旧住区综合修缮和成套改造等项目作为近期重点项目包，由区政府统一调配实施。实施项目包整体设计，各部门协同推进工作计划编制和项目的实施。

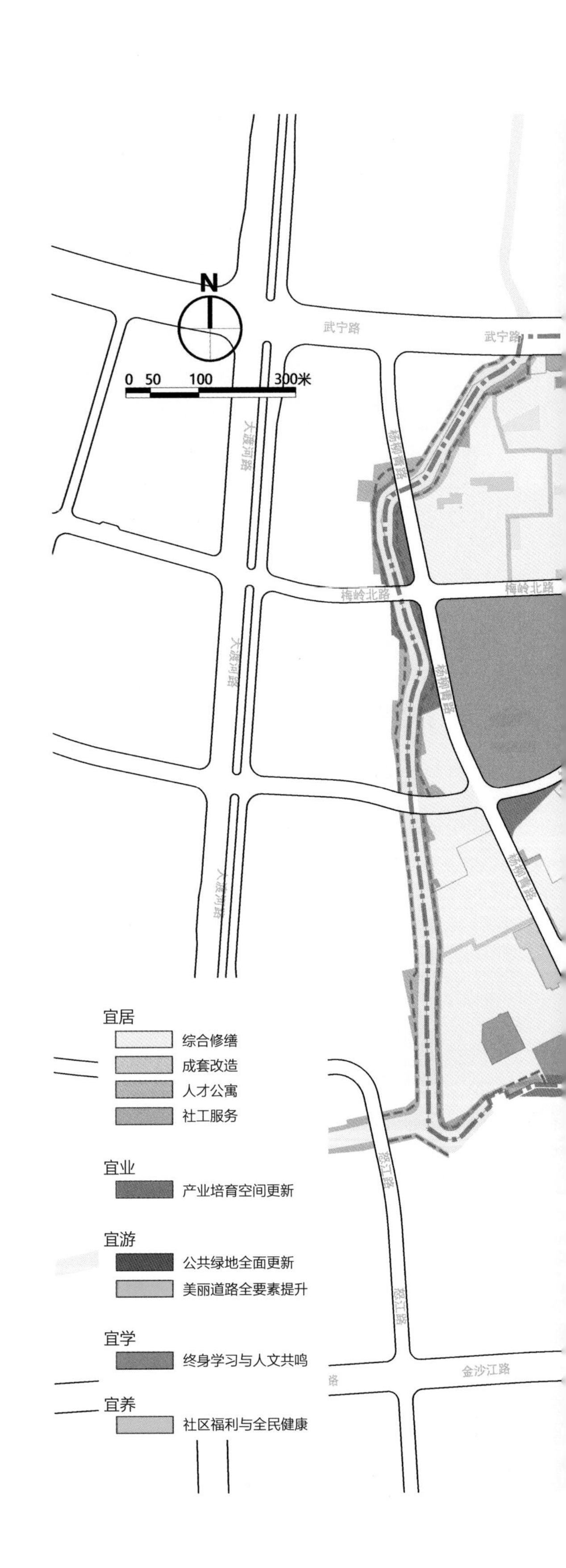

曹杨新村近期重点项目包分布示意图

曹杨新村近期重点项目包

编号	项目包	项目内容		责任主体	建设时序			可实施性
		系统	内容		2021	2022	2023	
01	百禧公园	宜游	公园主体建设	街道	完成			可实施
		宜游	架空线入地	建管委	完成			可实施
		宜游	嵌入体育设施	体育局	启动	完成		可实施
		宜学	嵌入全龄共享交往中心	教育局	启动	完成		可实施
		宜养	嵌入老年友好设施	街道	启动	推进	完成	可实施
		宜居	住区综合修缮	房管局	完成			可实施
		宜居	数字孪生城市与智慧应用	街道	启动	推进	完成	方案待研究
02	曹杨一村	宜居	曹杨一村成套改造	房管局	完成			可实施
		宜居	曹杨一村环境提升	房管局	完成			可实施
		宜居	曹杨一村居委会改造	街道	完成			可实施
		宜游	架空线入地	建管委	完成			可实施
		宜游	棠浦路、枫桥路绿地景观风貌提升	绿容局	完成			可实施
		宜居	梅岭北片区分中心建设	街道	完成			可实施
03	桂巷坊	宜游	滨水慢行空间贯通	街道	完成			可实施
		宜游	环浜绿地景观风貌提升	绿容局	完成			可实施
		宜游	2 处桥梁景观更新	街道	完成			可实施
		宜游	新增步行桥	街道	启动	推进	完成	方案待研究
		宜游	沿街店招店牌美化	绿容局	完成			可实施
		宜居	桂巷市场更新	西部集团	完成			可实施
		宜居	梅岭北片区分中心建设	街道	完成			可实施
04-1	曹杨环浜红桥段	宜游	滨水慢行空间贯通	街道	启动	推进	完成	方案待研究
		宜游	环浜绿地景观风貌提升	绿容局	完成			可实施
		宜游	4 处桥梁景观更新	建管委	启动	推进	完成	方案待研究
		宜游	架空线入地	建管委	完成			可实施
		宜业	办公楼宇改造	——			启动	方案待研究
04-2	曹杨环浜枣阳坊段	宜游	滨水慢行空间贯通	街道		启动	推进	方案待研究
		宜游	环浜绿地景观风貌提升	绿容局		启动	推进	方案待研究
		宜游	1 处桥梁景观更新	建管委		启动	推进	方案待研究
		宜游	新增步行桥	街道		启动	推进	方案待研究
		宜游	沿街店招店牌美化	绿容局		启动	推进	方案待研究
		宜居	百姓会客厅建设	街道	完成			可实施
		宜居	住区综合修缮	房管局	启动	推进	完成	可实施
		宜居	新增人才公寓	——			启动	方案待研究
04-3	曹杨环浜花溪路段	宜游	滨水慢行空间贯通	街道	启动	推进	完成	方案待研究
		宜游	架空线入地	建管委	完成			可实施
		宜游	环浜绿地景观风貌提升	绿容局	启动	推进	完成	可实施
		宜游	2 处桥梁景观更新	建管委		启动	推进	方案待研究
		宜游	新增步行桥	街道		启动	推进	方案待研究
		宜居	住区综合修缮	房管局	启动	推进	完成	可实施
		宜居	百姓会客厅建设	街道	完成			可实施
		宜学	村史馆大修	街道	完成			可实施
05	中心区功能提升	宜游	架空线入地	建管委	完成			可实施
		宜游	沿街店招店牌美化	绿容局	启动	推进	完成	方案待研究
		宜游	兰溪路绿地景观风貌提升	绿容局		启动	完成	可实施
		宜学	普陀区文化馆功能更新	文旅局		启动	推进	方案待研究
		宜游	曹杨影剧院改造	文旅局		启动	推进	方案待研究
		宜业	曹杨商场更新	——		启动	推进	方案待研究
06	小俞家弄改造	宜居	新增住宅建设	市场	推进	完成		可实施
		宜游	新增公共绿地建设	——		启动	推进	方案待研究
		宜学	新增幼儿园建设	——		启动	推进	方案待研究
		宜养	新增养老院建设	——			启动	方案待研究
		宜业	办公楼宇改造	——			启动	方案待研究
07	武宁科技园改造	宜业	新增商务楼宇建设	市场	推进	完成		可实施
		宜业	低效土地功能调整	——			启动	方案待研究
		宜游	轨道交通节点建设	——	推进	完成		可实施
		宜游	慢行空间贯通	——		启动	推进	方案待研究
		宜游	沿街店招店牌美化	绿容局	启动	推进	完成	方案待研究
		宜居	新增人才公寓	——			启动	方案待研究

曹杨一村（2021年）

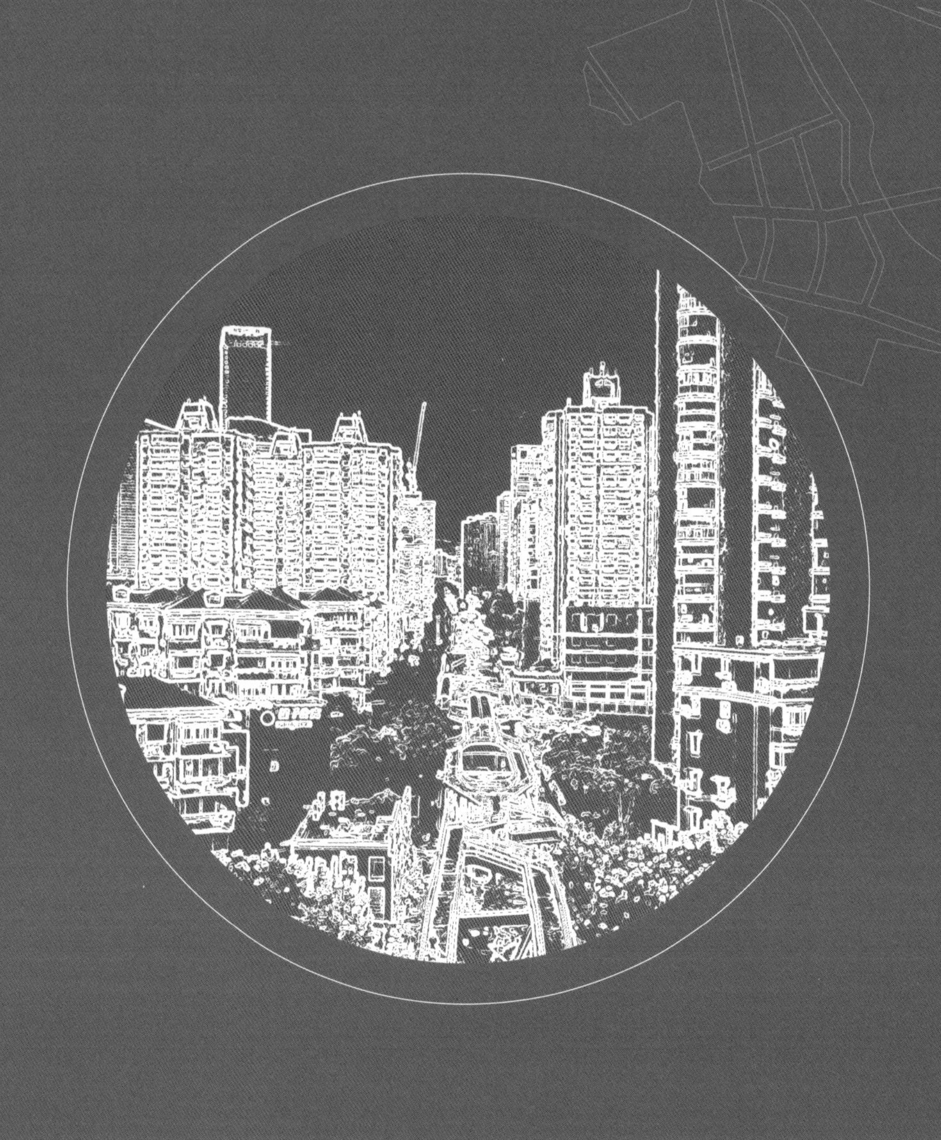

5 机制：保障品质

在曹杨新村社区更新实施项目落地过程中，从项目定位到项目精心设计，从“总规划师单位负责制”到一个空间多个实施主体协同实施，目的只有一个，就是保障更新项目的实施品质和实施结果的规划完成度。

为了保障项目实施有一个高质量的设计方案，2020年，在普陀区政府组织和曹杨新村街道牵头下，上海同济城市规划设计研究院有限公司协同上海市园林设计研究总院有限公司、中国建设科技集团、上海建筑装饰（集团）设计有限公司、上海美术学院等多家不同专业的设计机构共同建立一个“美好生活设计联盟”，联盟的各单位协同参与各个更新项目的设计。如今频频被居民点赞的曹杨一村“五星门头”、百禧公园和各种艺术装置等都来自联盟成员的设计创意。

5.1
合力共创更新机制

5.1.1 三线联动，强化统筹

曹杨“15 分钟社区生活圈行动”因地制宜，探索形成服务社区、市区合力、多部门协同的工作推进机制。形成 3 个“1+N”的组织框架，即加强 1 个区规资局牵头，区级各个部门、街道形成行政线；推进 1 个街道牵头，居民和社会力量组成社会线；促进 1 个规划院牵头，多专业设计单位形成技术线。并达成“三线联动”，即规划师和设计师深入到社区，走进百姓生活，调研存在问题，编制规划设计方案，传递美好生活理念；强化实施统筹，确定责任单位和责任人，明确各部门工作任务和时间节点，形成计划表和路线图，共同保障“15 分钟社区生活圈行动”的有序推进。

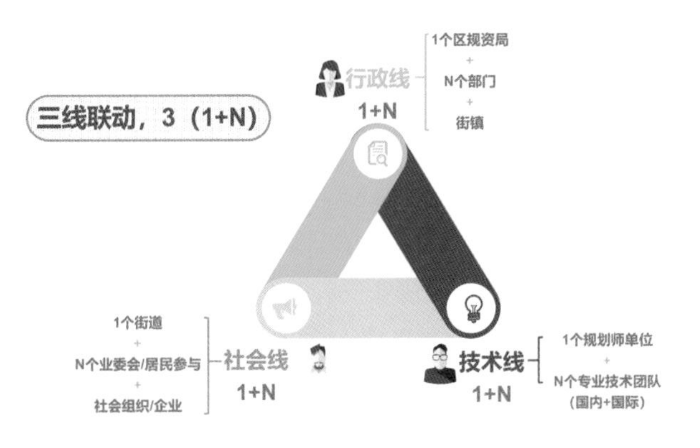

曹杨“15 分钟社区生活圈行动”“三线联动”模式图

分管副区长牵头各部门实地调研

“行政线”工作统筹会

“社会线”居民沟通会

“技术线”设计方案讨论会

（1）行政线

普陀区政府“15 分钟社区生活圈”建设领导工作小组由分管副区长牵头，市规划与自然资源局、区规划与自然资源局、区民政局、区房管局、区建管委、区绿容局等市区两级部门和曹杨新村街道共同参加，协调需求，明确计划，统筹实施。

（2）社会线

曹杨新村街道和下属居委会形成基层工作平台，作为社区治理的推进主体，衔接社区需求，联合业委会、居民及相关企事业单位，聘请社会组织，并与在地企业沟通。以“人民城市客厅”为载体，在项目前期方案阶段、实施过程中和实施后评估等各个阶段，向居民展示阶段性成果，让人民群众看得懂、感受到、多参与。

区级例会——社区更新项目组织会

街道例会——美丽道路项目实施统筹会

（3）技术线

曹杨“15 分钟社区生活圈行动”由上海同济城市规划设计研究院有限公司（简称同济规划院）、华建集团上海现代建筑规划设计研究院有限公司、上海市园林设计研究总院有限公司、中国建设科技集团、刘宇扬建筑设计顾问（上海）有限公司（简称刘宇扬建筑事务所）、同济大学建筑设计研究院（集团）有限公司、上海美术学院，以及同济大学建筑与城市规划学院等多家单位共同组成“美好生活设计联盟”，由同济规划院作为总规划师单位，统筹各专业设计团队。在项目前期，多专业团队同时介入工作，协调曹杨“15 分钟社区生活圈行动”更新项目计划和设计方案，并与街道、各委办局展开沟通，最大限度地保障规划落地、保证设计和施工品质。

5.1.2 两级会议，协商推进

“三线”之间，构建项目组织和实施统筹两级协同机制。

（1）项目组织会（区级例会）

区政府成立的“15 分钟社区生活圈”建设领导工作小组定期召开项目组织会，市区两级相关部门、街道及专业技术团队共同参与，梳理各条线工作安排与诉求建议，特别是在多个部门意见难以达成一致时，发挥统筹和决策作用，确保更新实施得以顺利推进。

（2）实施统筹会（街道例会）

曹杨“15 分钟社区生活圈行动”的实施工作对接由街道牵头召开实施统筹会，协同社区居民、社会组织、企业、专业技术人员和各项目实施主体，就项目具体实施方案和建设中的具体问题进行协商。

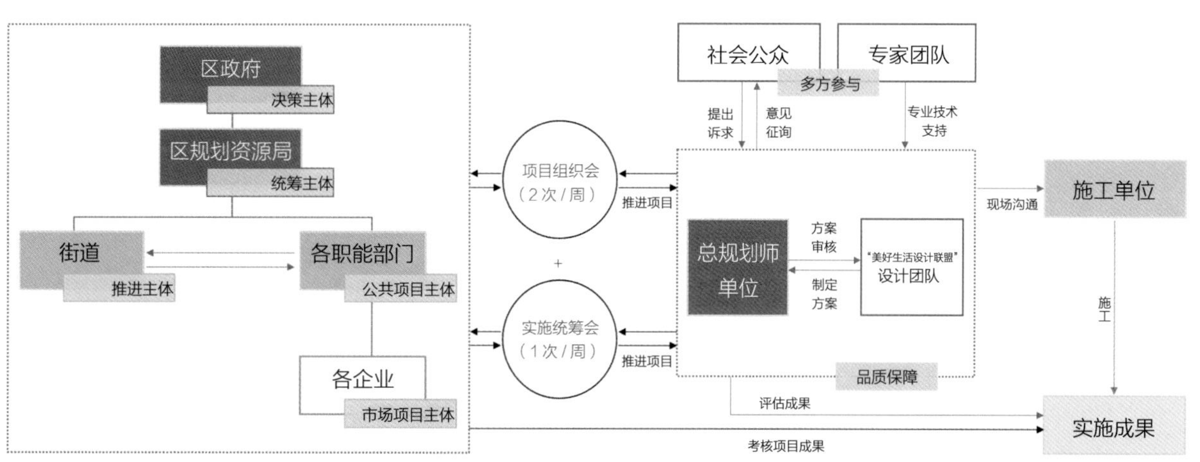

曹杨“15 分钟社区生活圈行动”工作机制示意图

5.1.3 总规划师，品质把关

曹杨“15 分钟社区生活圈行动”采用“总规划师单位负责制”。在项目设计层面，总规划师单位参与设计方案讨论，负责设计方案审核，把控各个项目规划设计意图的落实和空间上的整体与局部的协调关系。项目实施层面，参与现场技术指导、解决实施过程中出现的问题、把控项目的实施效果，保障规划的落地完成度以及各个实施项目的高品质落地。

以“一张蓝图”为基准，规划、建筑、市政、道路、景观等多领域的团队全程深度参与。多家单位共同组成“美好生活设计联盟”，在项目前期，多专业团队同时介入工作，由总规划师单位统筹，协调行动计划和优化设计方案，群策群力，形成了综合性的专业设计支撑保障机制。刘宇扬建筑设计顾问（上海）有限公司、华建集团上海现代建筑规划设计研究院有限公司、上海市园林设计研究总院有限公司共同完成了百禧公园设计；中国建设科技集团完成了多个小区的围墙、门头以及公共建筑和街道立面整治设计；上海市园林设计研究总院有限公司完成了环浜绿化提升设计。实现了多专业团队从规划、设计到实施的全过程参与。

总规划师方案指导示例

总规划师与项目设计团队和街道领导共同讨论设计方案

总规划师现场选定建筑材料

总规划师与工程总负责人一起踏勘现场

5.2
重点工程统筹实施

2020—2021年，曹杨新村社区更新由普陀区政府牵头统筹实施第一期工程，包括百禧公园建设、曹杨一村整体更新、曹杨环浜提质贯通、特色街道整治提升、公共服务设施更新提质、老旧住区全要素综合改善，以及2021上海城市空间艺术季宣传展示等。

百禧公园鸟瞰（2021年）

曹杨一村更新后

百禧公园建成后

桂巷坊更新后

花溪路更新后的街边公共空间

5.2.1 曹杨一村

曹杨一村始建于 1951 年，位于曹杨新村中部，占地面积约 3.7 公顷，建筑面积约 2 万平方米，是上海市第四批优秀历史建筑，2016 年入选“首批中国 20 世纪建筑遗产”名录。本次宜居曹杨建设行动中，曹杨一村 1510 户的旧住房成套改造被列为重点项目。

曹杨一村区位图

按照上海市委、市政府关于“留改拆并举，以保留保护为主”的工作要求，来自上海历史保护学界十余名专家和管理部门负责人共同提出了关于曹杨一村“保护性修缮改造，解决民生居住困难”的思路与建议。曹杨一村采取原址保护、留房留人的更新方式，完整保留保护了曹杨一村的原规划布局、原建筑风貌以及原住民的烟火气息。力求在保护好优秀历史建筑、传承人文底蕴的同时，改善居民居住条件，提升老旧住区环境品质，解决老旧住区的可持续发展问题。

曹杨一村住宅保护修缮前

曹杨一村住宅保护修缮后

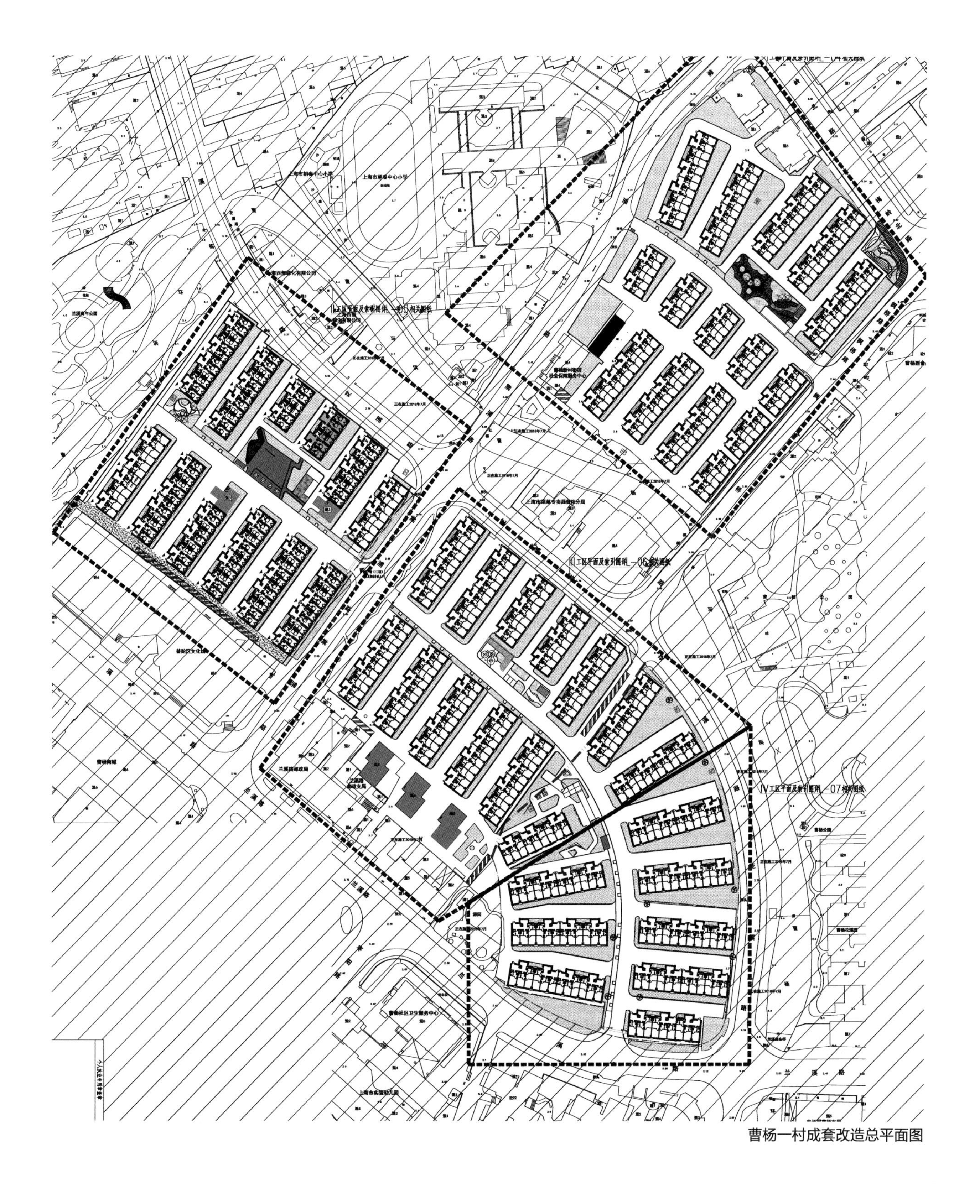

曹杨一村成套改造总平面图

对曹杨一村住宅的更新改造包括内部布局和外部风貌两大部分。住宅内部通过北侧内天井外墙向外拓展2.65米的方案，在保持原每户房间面积不减少、平面形态特征不改变的条件下，对平面布局进行调整，在套内设置了各家独用的卫生间和厨房，每一套房平均多出约4平方米使用面积。

房屋外立面采取“恢复建筑原貌”的保护与修缮措施，在修缮过程中坚持使用原材料、原工艺。南立面作为一村的外立面重点保护部位，恢复了后期被拆除的大部分窗间墙。所有窗户都按照原有式样，改成紫红色的中空玻璃铝合金窗，山墙上的回纹镂空设计装饰造型也被保留下来，作为标识物。建筑入口原有的木结构平瓦雨篷在改造前也进行了完整落架并进行了编号，重新拼装复原安装在新建的入口上，标志性的红色屋顶使用黏土机制平瓦，着力还原历史风貌。

曹杨一村室内户型改造实行“一户一策”的更新设计方法，设计师团队根据近1500户居民房间的实际情况和不同需求，为每家每户提供个性化、精细化的设计方案。“有的居民家里人少，需要一整间大屋子；有的居民家里人多，需要多隔出一个房间。我们把居民的个性化需求落实到每一户的图纸上。”

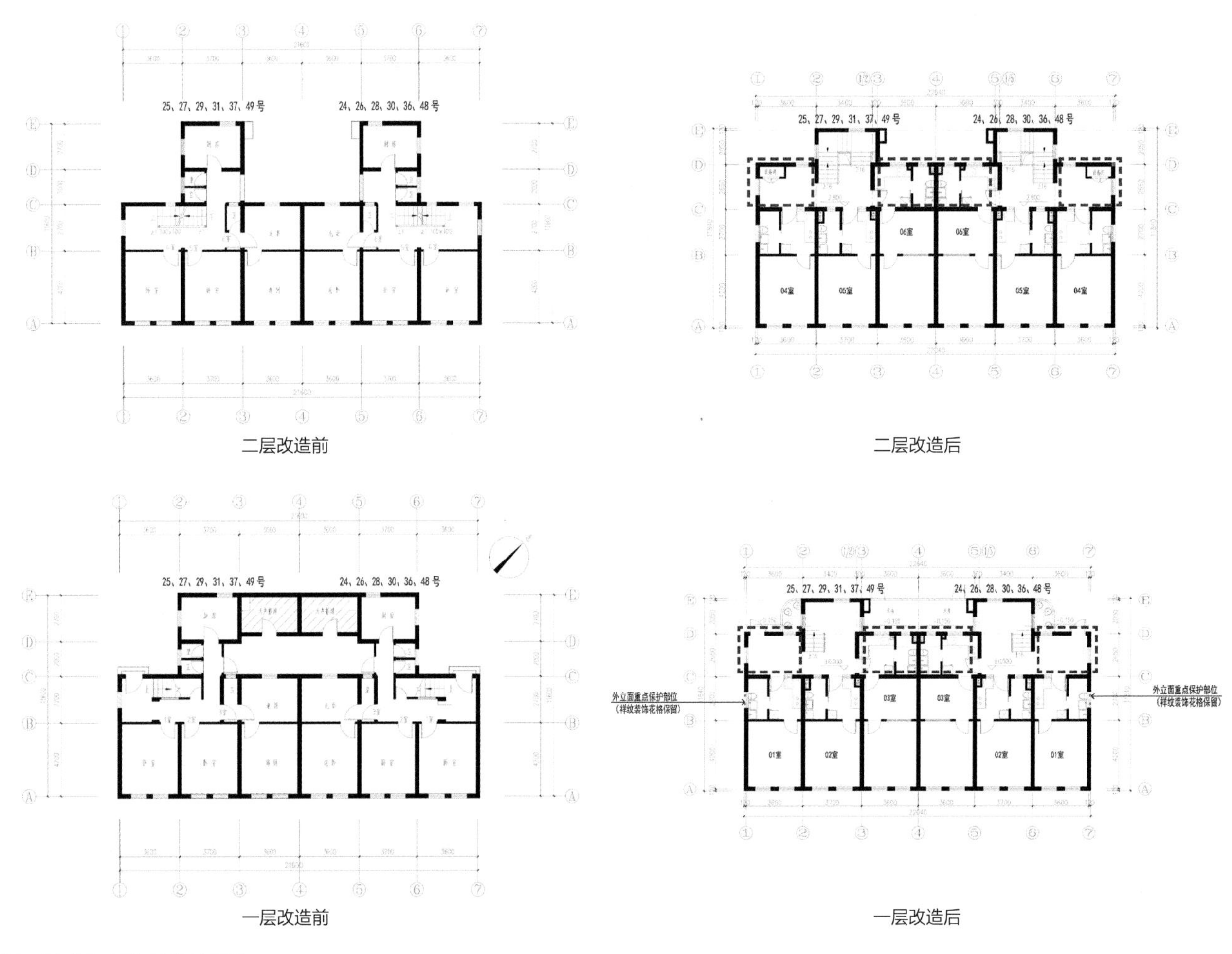

二层改造前　二层改造后

一层改造前　一层改造后

曹杨一村成套改造户型平面图

曹杨一村住宅更新过程中

工区（组团）绿地承载着曹杨居民露天电影、夏日纳凉等诸多回忆，也是曹杨新村“邻里单位”空间结构的重要组成要素。组团绿地运用现代手法，通过设置纳凉广场、保留部分树木等方法保持场地记忆，并增加了智能化设施，如智能灯杆、智能休憩廊亭、智能信息屏等，可以同时实现智慧照明、环境监测、播放视频等多种功能。

在宅间，对建筑周边绿化进行改善，通过合理布局开阔了景观空间，设计了与景观相结合的晾衣架。梳理空间资源，增加停车位及新能源汽车充电桩，仅一工区组团的停车位就从原来的 20 余个增加到 70 余个。同时住区内的架空线全部入地，居民头顶不再有“蜘蛛网”。原先有些许杂乱的住区环境焕然一新。

曹杨一村二工区组团绿地更新后

曹杨一村一工区组团绿地设计方案鸟瞰图

曹杨一村一工区组团绿地更新后

曹杨一村二工区组团绿地设计方案鸟瞰图

曹杨一村二工区组团绿地更新后

曹杨一村三、四工区组团绿地设计方案鸟瞰图

曹杨一村三、四工区组团绿地更新后

5.2.2 百禧公园

百禧公园位于曹杨新村东部，全长约 880 米，宽度 10—20 米，基地面积 10165 平方米，建筑面积 2892 平方米，主体为钢结构。该址原为废弃铁路改造的铁路农贸市场和综合市场，为补足曹杨新村社区东部公共开放空间的缺口，于 2021 年重新规划建设成为一个全新的、多层级、复合型的步行体验式社区公园。在庆祝建党 100 周年及曹杨新村建村 70 周年之际，将其命名为"百禧公园"。

"美好生活设计联盟"牵头的多家设计团队共同参与了百禧公园设计方案比选，各设计团队深度走访现场，形成 3 个初步方案。

最终确定采用刘宇扬建筑事务所的方案。方案以"记忆、缝合、新生"为策略，立体利用空间资源，延续铁路和市场的历史记忆，融合生态绿轴、生活社交、

百禧公园实景

运动休闲、环境景观功能，建成了一处 24 小时全时全龄服务的社区公共空间。项目挖掘场地文脉、建构空间场景，以最大限度地利用存量空间为原则，通过功能植入、多层流线和空间组合，构建了一个既互不干扰又交错对话的多维立体空间。通过设计，将原本割裂的社区空间相互缝合，形成了贯穿社区南北的步行廊道。

百禧公园区位图

百禧公园夜景

百禧公园鸟瞰

百禧公园实景

5.2.3 曹杨环浜

曹杨环浜是位于普陀区曹杨新村的一条环形生活型景观河道，东邻花溪路，西到杨柳青路，全长2208米，宽8—14米，水深0.5—1.5米。

历史上，今天的环浜分属于两段互相交汇并向外联通的自然河道。20世纪80年代治理河道时，将两条河的部分河道填没，使得余下的河道形成了一个闭环，故得名“曹杨环浜”。这条河浜见证了曹杨一村的诞生，并伴随着曹杨新村的发展和基础设施的完善，成为曹杨新村重要的空间特征和历史印迹。

曹杨环浜区位图

新曹杨八景

曹杨环浜更新提升设计以贯通曹杨环浜滨水公共步道、提升沿线公共绿地品质、服务社区居民的日常生活、突出曹杨新村空间结构特征为目标，针对居民普遍反映的曹杨环浜可达性与通达性问题，因地制宜，分析沿线公共和私有化空间的分布情况，分类施策，挖掘现状公共空间可提升的潜力点，鼓励沿环浜空间共享、功能转型整合，在小区内河段结合数字曹杨平台采用数字识别门禁管控，实现沿线贯通。

设计方案根据环浜周边景观特征、资源禀赋，统筹文化主题，将环浜分为曹杨一村（历史记忆）、桂巷坊（市井烟火）、枣阳坊（睦邻生活）和花溪路（健康休闲）四段，分段开展设计深化。同时，通过统筹环浜周边美丽街道、公园绿地、街坊社区、公共艺术、历史文化等空间要素，形成新曹杨八景，打造展现曹杨生息活力、四季美景的“翡翠项链”。

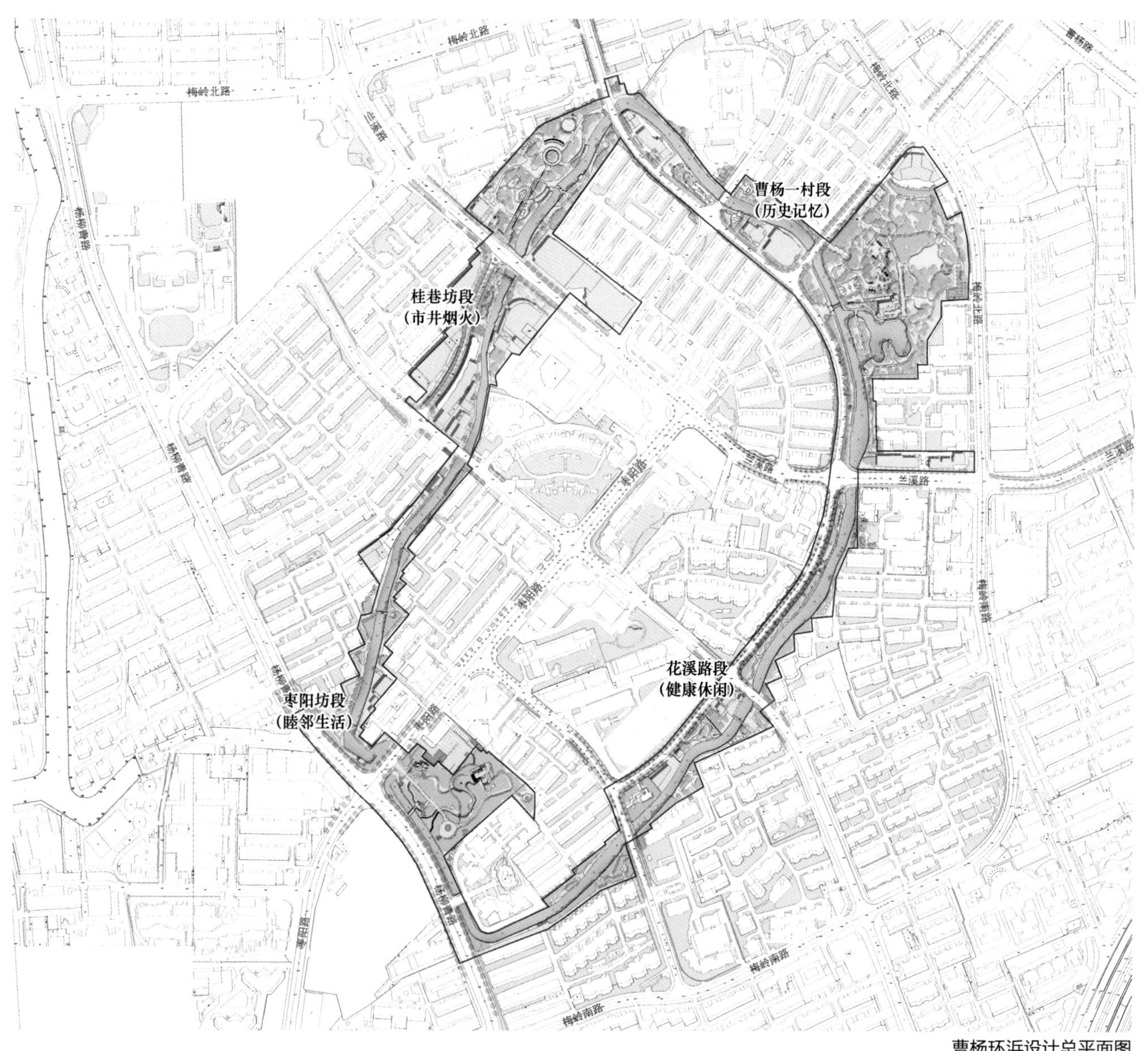

曹杨环浜设计总平面图

曹杨环浜以“融合三界、编织三线、营造三境”为设计策略，整合街道界面、公园界面、滨水界面，形成立体观景线、滨水慢行线、艺文探索线，打造生境、画境、意境。以八项措施为主要手法贯彻环浜整体设计，即贯通共享、活化水岸、慢行友好、绿色提质、重筑功能、艺术之桥、艺术整装、灯光亮化，形成任务清单，分段实施。近期首先实施了花溪路沿线段和桂巷坊段。

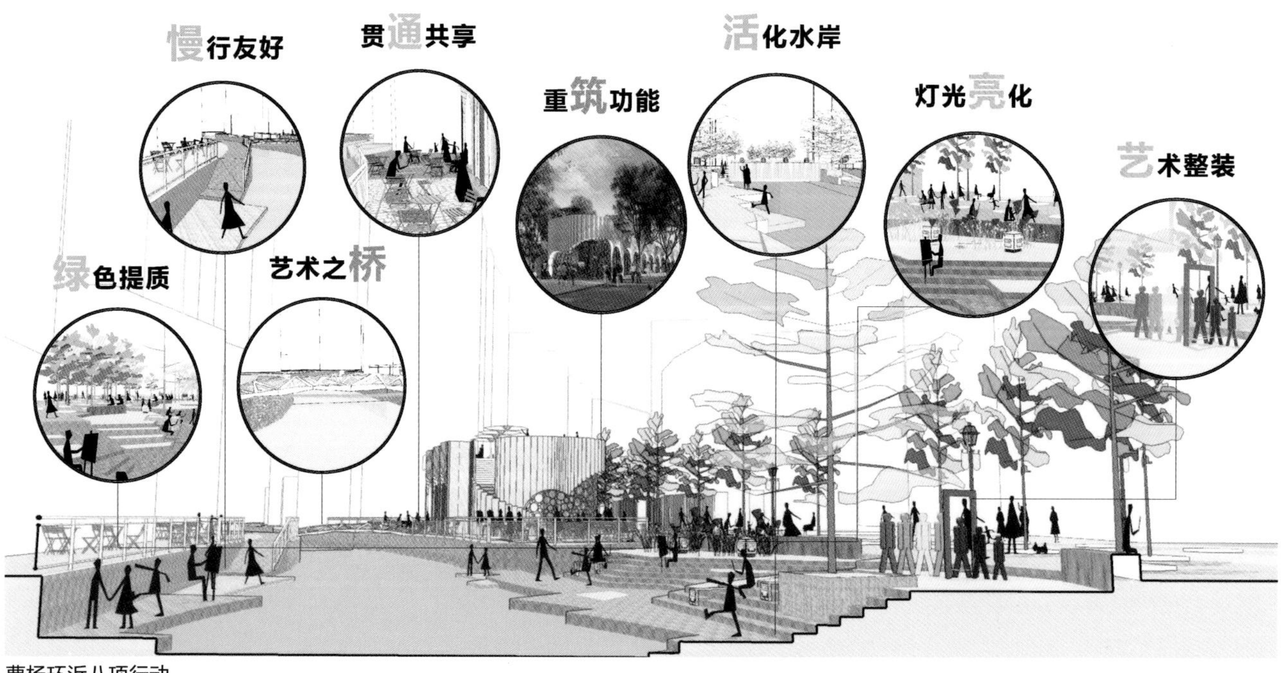

曹杨环浜八项行动

曹杨环浜（2021年）

曹杨环浜更新前

曹杨环浜更新后

曹杨环浜步道更新后

曹杨环浜八项措施——活化水岸

5.2.4 桂巷坊

桂巷坊东起兰溪路，西至杨柳青路，长 388 米，宽 10.6 米，车行道宽 6 米。1952 年建成，以原桂巷村命名。本次更新提升范围北起兰溪路，西至杏山路，街道总长 187 米，总面积为 12023 平方米。

桂巷坊原为 20 世纪 80 年代形成的桂巷路商业步行街，是上海第一条社区商业步行街。规划通过业态提升和功能更新、环境提升和景观打造，整体塑造滨河商业活力空间，使曹杨新村这一重要的居民日常商业活动场所焕发新时代的新生命力。改造通过拆除桂巷菜场违章临建，重构街道空间。

桂巷坊区位图

桂巷坊更新后

桂巷坊设计参考“清明上河图”所展现的滨河两岸自然风光和城内街市繁荣景象，从“延续市井生活烟火气、增添工人新村生活韵”的角度出发，充分利用环浜、桂巷路的场地特征及周边商业资源，尊重曹杨百姓日常生活习惯，以邻里单位的尺度打造集蓝绿生态、滨水贯通、休闲购物、市井生活、互动娱乐于一体的高品质“慢生活秀带”画卷，演绎社区级滨水空间、花园式商业街巷。

在规划的统筹下，各设计单位和各方主体统一行动。西部集团、商业集团等业主单位负责社区菜场和商铺的改造与业态提升，区绿容局牵头场地环境提升，区建委同步推进架空线入地工程，街道利用闲置建筑升级片区服务中心，区规划与自然资源局结合 2021 上海城市空间艺术季植入公共艺术。在多方协同合作的机制下，项目在实施后形成了滨水会客厅、街边公共艺术、林荫步行街、特色业态、高品质休闲环境等特色空间，从而实现了整体提高公共服务水平和公共空间品质的目标。

桂巷坊入口更新前

桂巷坊入口更新后

滨水区更新前

滨水区更新后

曹杨会客厅更新前

曹杨会客厅更新后

"一坊、三区、三线、多点"的空间格局
一坊：环浜两岸建筑之间的整体公共空间；
三区：滨水活动区、邻里客厅区、步行休闲区；
三线：低线——滨水贯通线、中线——商业步行线、高线——平台观景线；
多点：滨水客厅、静谧雅庭、曹杨直播室、鲜花市集、普园微境、屋顶露台等场景空间。
01 主入口广场
02 不锈钢升降路桩
03 下沉商铺
04 楔形花坛
05 白榆林荫道
06 文化展示
07 休憩廊架
08 滨水木平台
09 台地花坛
10 景观花坛
11 银杏树阵
12 屋顶下沉卡座
13 屋顶花园
14 阳台花园
15 休憩树池
16 商业外摆
17 变电站
18 桂香坊菜市场
19 非机动车停放点
20 次入口广场

桂巷坊段设计总平面图

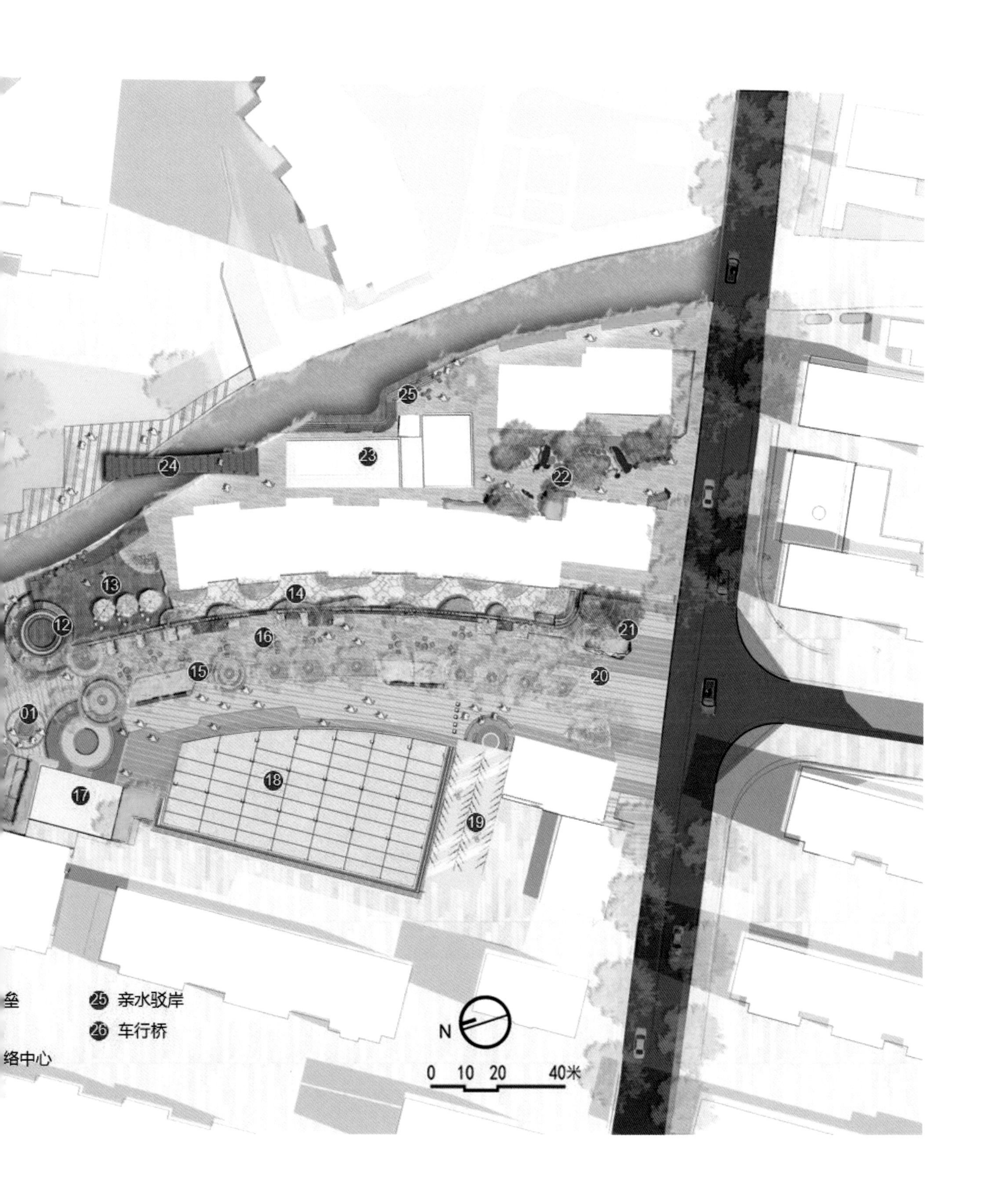
25
24
23
22
13
14
12
16
21
15
20
01
18
17
19
垒
络中心
25 亲水驳岸
26 车行桥
N
0 10 20 40米

在方案设计过程中通过现场征集居民意见发现，居民普遍希望能拥有生态绿色的环境、休闲娱乐的活动空间和可玩、可互动的场所，以及定期组织表演活动；商户则希望能增加桂巷坊的照明设施以此活跃商业氛围。

设计方案通过拆除环浜沿线围墙打通堵点，贯通滨水区域步行空间；通过局部降低滨水岸线标高，加强街道室内外空间的连续感、步行体验的丰富感以及立体空间的互动感；通过拆除违章，增加了公共活动场地和绿地，丰富了绿化景观。

李大妈

65岁 本地居民
退休员工
家庭成员：老伴儿
居住时间：近40年
活动时间：14：30-18：30
日常活动：买菜—做饭—打扫家务—遛狗
需求：需要购买衣服的大型商场，解决饭店油烟问题，希望能有个休憩长廊和小吃街。

张大爷

68岁 本地居民
退休员工
家庭成员：老伴儿
居住时间：近60年
活动时间：14：30-18：30
日常活动：买菜—做饭—打扫家务—遛弯
需求：想要个老年食堂，最好非机动车不要进入社区，街道里下棋的人太多，环境嘈杂。

刘大爷

55岁 本地居民
退休员工
家庭成员：老伴儿
居住时间：近50年
活动时间：14：30-18：30
日常活动：买菜—打扫家务—相约唱歌／打牌
需求：希望有个表演舞台（需要观众），定期组织活动。给下棋的地方搭建遮雨棚。

小陈

32岁 外来租户
市容人员
家庭成员：个人
居住时间：近半年
活动时间：9：00-17：30
日常活动：市容管理
需求：增加垃圾箱，整治下环境。希望非机动车位有秩序停放。

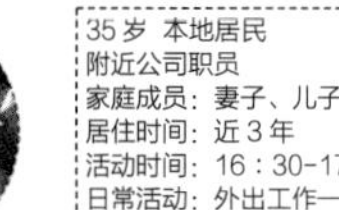

张先生

35岁 本地居民
附近公司职员
家庭成员：妻子、儿子
居住时间：近3年
活动时间：16：30-17：30
日常活动：外出工作—接送孩子—买菜（周末）—陪孩子玩耍
需求：希望能给孩子增加体育设施，绿化边界的花坛太硬。驳岸加护栏。

小周

38岁 新上海人
附近商铺店员
家庭成员：丈夫、孩子
居住时间：近2年
活动时间：9：30-18：30
日常活动：开店—买菜—做饭—做家务
需求：希望增加路灯，增加商业环境氛围，周边生意不好，只有烤鸭店和茶叶店还可以。

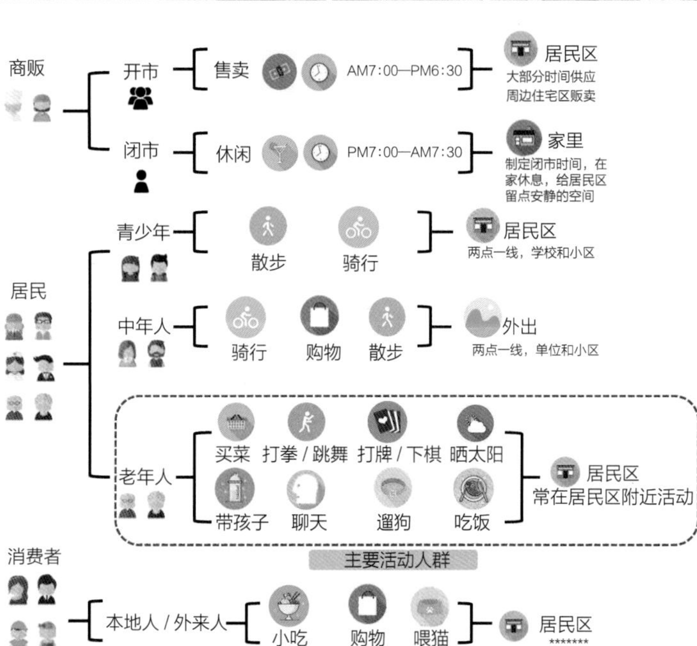

数据调查分析 （满意 / 不满意）

项目	不满意
周边业态	40%
车辆停放	50%
商业氛围	80%
环境卫生	75%
治安管理	10%

总结：

商贩：增加照明设施及商业氛围

年轻人：增加运动及活动场所，更改商业业态

中年人：下层植物稀疏，景观家具太硬
增加可玩、可互动的场地

老年人：增加便民及社会福利设施，如老年食堂等
增加综合展示场所，定期组织举办表演活动
增加亭廊构架，遮风避雨
增加小吃商铺，定期举办庙会
扩大场地空间，增加活动内容

桂巷坊更新居民意见征集

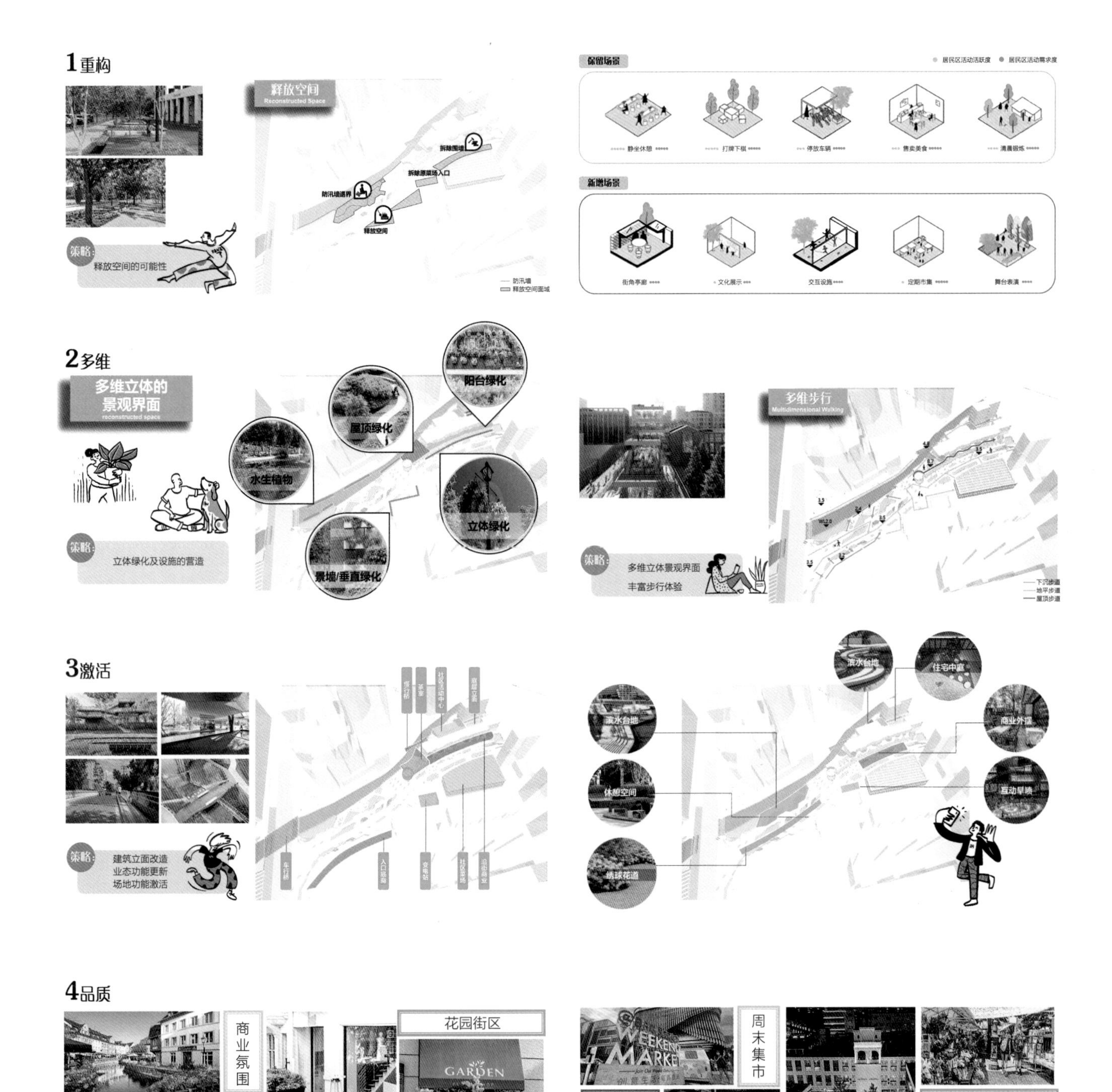
1重构
释放空间
Reconstructed Space
拆除围墙
拆除原菜场入口
防汛墙通界
释放空间
策略:
释放空间的可能性
防汛墙
释放空间面域
保留场景
居民区活动活跃度
居民区活动需求度
静坐休憩
打牌下棋
停放车辆
售卖美食
清晨锻炼
新增场景
街角亭廊
文化展示
交互设施
定期市集
舞台表演
2多维
多维立体的
景观界面
阳台绿化
屋顶绿化
水生植物
立体绿化
景墙/垂直绿化
策略:
立体绿化及设施的营造
多维步行
Multidimensional Walking
策略:
多维立体景观界面
丰富步行体验
3激活
策略:
建筑立面改造
业态功能更新
场地功能激活
入口广场
滨水台地
住宅中庭
商业外摆
休憩空间
互动草坪
绣球花道
4品质
商业氛围
花园街区
GARDEN
策略:
创建特色街区品质和形态
周末集市
WEEKEND MARKET
夜市经济
艺文活动
策略:
创建特色街区品质和形态
桂巷坊设计策略

桂巷坊桂巷路

5.2.5 美丽道路

“弯窄密”的林荫街道空间是曹杨新村最具整体特色的空间景观体系。根据曹杨新村美丽道路规划实施计划，2021 年率先完成了曹杨一村优秀历史建筑周边的花溪路、棠浦路、枫桥路美丽道路整治提升工程，并更新了沿线的公共绿地。

2021 年实施的美丽道路区位图

花溪路更新前

花溪路更新后

花溪路、棠浦路、枫桥路是曹杨新村“邻里单位”空间结构和“弯窄密”林荫路网的重要组成部分，车行道宽 6 米，人行道宽 3.5 米，两侧是高大的梧桐树，有 70 年历史。设计方案结合现状特征精准施策，建设“花团锦簇、莺歌燕舞”的花溪路，“海棠迎春，高洁素雅”的棠浦路，“秋染红叶、醉美曹杨”的枫桥路。同时提升沿线的棠蒲园、健身苑、朝阳厅、鲤鱼泉、睦邻汇、花溪畔、沁风林、光明站、村史馆等景观节点，织补、重构珍珠项链状的特色空间格局，形成“花开环浜、绿蔓曹杨”的美好意象。

花溪路、棠浦路、枫桥路作为曹杨新村历史风貌区内重要的街区林荫道，与曹杨环浜这条社区翡翠绿链紧密相连，沿线汇聚多处社区文化设施和历史保护建筑等特色资源。本次更新聚焦慢行体验和空间景观提质，进行全要素提升。项目内容包括沿线架空线入地和箱杆整治，扩大活动空间，提升绿化景观品质，美化城市家具和市政设施，植入公共艺术，优化沿线建筑和围墙立面等方面。

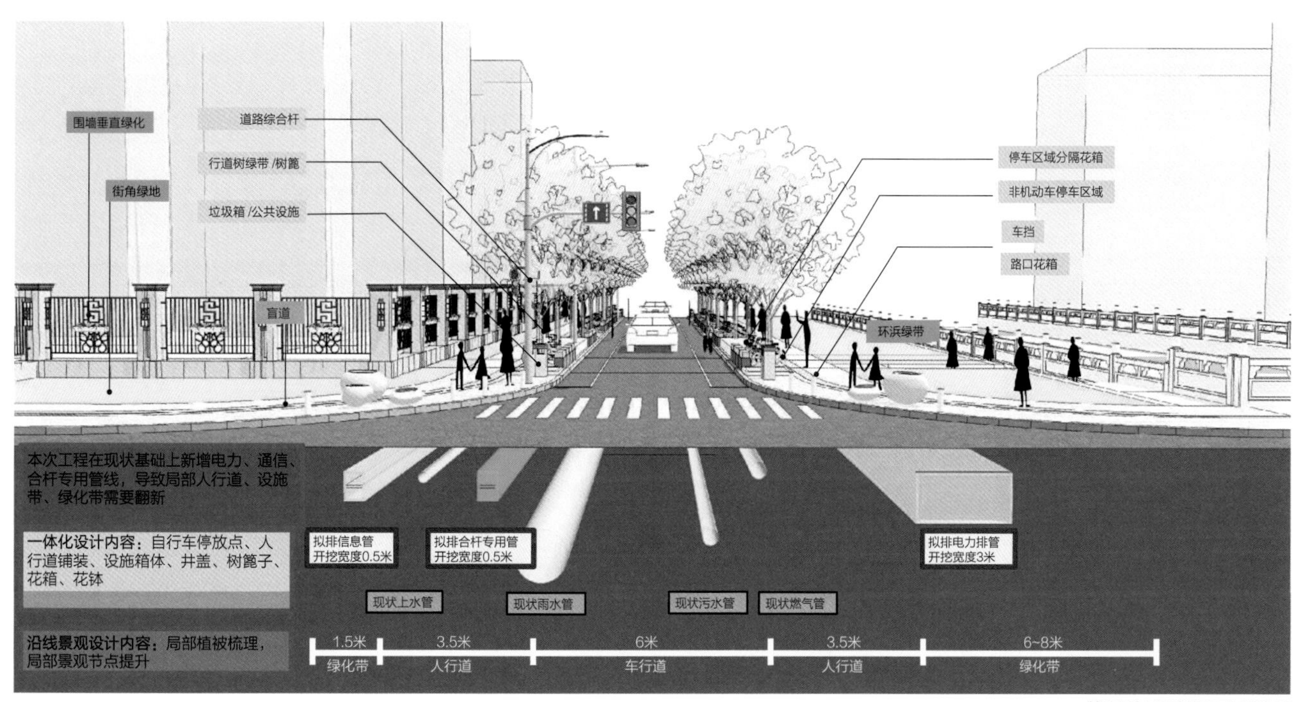

花溪路设计断面透视图

5.2.6 社区故事馆

“曹杨新村·社区故事馆”坐落于曹杨一村优秀历史建筑中，是曹杨一村（源园）百姓会客厅（居委会）更新升级项目。规划以“社区故事馆”为主题，将源园居委会打造成一个曹杨新村劳模文化、历史文化、睦邻文化传承的场所，营造一个居民、志愿者与居委会相互共商、居民互助、社区共治的交流沟通场所，引导在地社区居民、辖区共建单位、社区公益组织以及专家和专业人员等共同参与社区建设。社区故事馆在空间主题设定、内容素材征集、室内陈展布置、现场活动体验等环节，强调社区居民自下而上、全周期的参与式营造，打造一个曹杨一村“家门口、重参与、显文化、有温度”的社区故事馆。

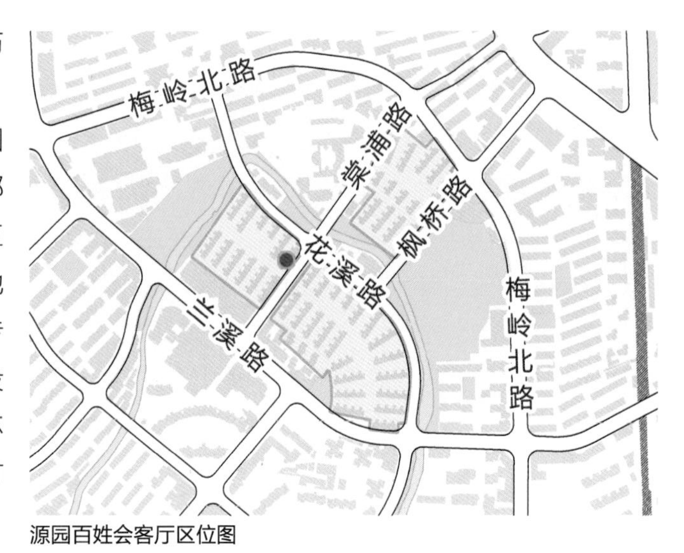

源园百姓会客厅区位图

百姓会客厅总建筑面积 352 平方米。除日常居委会的办事服务功能外，充实了居民组织活动、志愿者工作室以及相应的配套功能。结合曹杨一村住宅整体成套改造，设计力求体现实用、舒适、简洁、时尚的设计理念，对空间进行整体布局。一层空间：百姓会客厅、警务室、志愿者办公室、资料室及储藏室和灵活办公室；二层空间：主要为居委会日常办公使用，包括办公室和会议室；三层社区故事馆：为社区居民和辖区共建单位服务的综合活动用房兼共享空间。

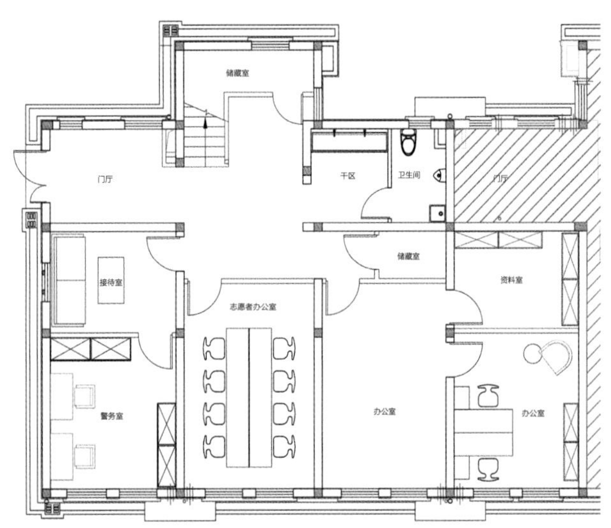

源园百姓会客厅一层平面图

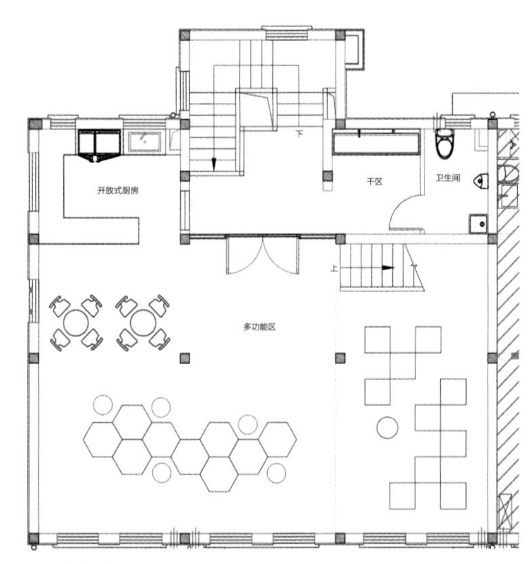

源园百姓会客厅三层平面图

源园百姓会客厅

源园百姓会客厅外观

“曹杨新村 · 社区故事馆”是由同济大学社会学系、同济规划院城市与社会研究中心、曹杨街道源园居委、普陀区朝春中心小学、蚂蚁社区营造发展中心和合美社区发展促进中心等，集高校、居民区、小学及社会组织等多方共创的项目。社区故事馆提取曹杨一村特有建筑元素，将象征“曹杨”的门头、回字纹镂空造型等运用于室内设计中，重拾曹杨记忆，展示曹杨一村特有的历史文化及变迁历程。社区故事馆通过搜集居民自愿捐赠的老物件、讲述社区邻里故事、参与互动体验等形式，进一步提升社区居民的归属感、幸福感。社区故事馆还设置了在地志愿者培育、社区故事征集、社区自治沙龙等活动板块，以主题分享、圆桌讨论、现场互动等形式，挖掘社区能人、培育自治能力，探讨社区营造、社区治理、街区共创以及社区美好生活创想。

2021 年 6 月至 11 月，上海“15 分钟社区生活圈行动”空间艺术季期间，在社区故事馆先后举办了十几场活动。社区故事馆由同济大学社会学系联合社会组织牵头，以曹杨新村历史为主题，发挥其场所精神符号作用，鼓励社区居民分享自己的人生经历和故事；通过“共建故事馆，曹杨老物件征集”“口述曹杨，叙说烟火”等系列活动，向曹杨居民征集有时代特征、有纪念意义、有故事传递的生活老物品，如老奖状、老照片等，提高社区居民的认同感和归属感。“空间设计与社区故事”工作坊，以参与式营造理念就社区故事馆空间方案和社区故事征集居民意见和素材；“花甲天使”导览员培训活动，通过培训让曹杨一村的“花甲天使”志愿者们在艺术季期间承担起故事馆解说和管理工作，让居民讲自己的故事，更好地体现曹杨一村社区治理的成果；“小小馆长”培训活动，倡导儿童友好社区理念，面向朝春中心小学学生开展，鼓励社区内学生参与艺术季期间的现场宣讲和导览任务，培育儿童参与社区治理的能力。通过活动吸引更多社区达人加入社区管理与运营，进一步增强其专业素养和组织能力，让社区居民共享建设成果。

曹杨新村 · 社区故事馆：“曹杨”门头

曹杨新村 · 社区故事馆：“曹杨”回字纹镂空造型

曹杨新村 · 社区故事馆开幕

曹杨新村 · 社区故事馆：画“说”曹杨

曹杨新村 · 社区故事馆：“花甲天使”导览员培训

曹杨新村 · 社区故事馆：“小小馆长”培训

曹杨新村 · 社区故事馆：“老物件征集”活动

曹杨新村 · 社区故事馆：百岁老人庆生

5.3
共建美好家园

5.3.1 整合在地资源，助力住区更新

为助力住区宜居性改造工作顺利推进，在更新住区开展了服务居民的便民工作，助力老旧住区宜居化更新。曹杨新村街道与房屋中介、室内装潢企业签订合作共建协议，为涉改居民提供临时租赁房源信息并对困难群体减免手续费用，实现找房无忧；成套改造完成后，街道举办了装饰装修“惠民集市”，提供低价、优质的室内装修设计和施工服务，实现装修无忧；街道组织社区内各单位青年党员、团员建立红色搬家先锋队，由区域单位青年党员、团员为有需要的居民义务搬家，实现搬家无忧；街道整合社区各企事业单位资源设置“临时仓库”，免费提供临时存储大件家具场地，实现过渡无忧。通过提供全程关注，真正将老百姓的工作做到实处。

曹杨一村搬家无忧服务

红色搬家先锋队义务搬家服务

组织签约

装饰装修“惠民集市”

居民领取回迁贺礼

更新政策咨询

5.3.2 部门社区共建，优化社区环境

枣阳公园所在地原是区园林管理部门的苗圃，1988 年改为绿化市容局的单位附属绿地。作为环浜开放贯通与水环境提升行动的一部分，改造工程将公园园内水系与曹杨环浜水系连通，水质、水景得到改善；园内增设了游憩设施和健身场地，并进行了园林化景观空间改造，优化了水绿环境。项目完成后向居民开放，为曹杨新村西区的居民增添了一处优质的开放活动场所。

百禧公园整体方案除利用原有闲置的曹杨铁路农贸市场外，盘点周边可利用空间资源，综合统筹，打破围墙，在保证原用地功能性与私密性不被破坏的前提下，开放利用潜在的空间资源。

公园北段兰溪路入口处保留有一处闲置用房，现该用房归属于普陀市政工程有限公司。为纪念曹杨铁路农贸市场，与全面修整粉刷不同的是，外墙尽可能保存了原菜市场的历史印记。同时焕活新生，在旧墙面上通过艺术装置进行装饰，装置基于现有墙壁的简单线条，向公众展示曹杨元素。内部则沿用了原有格局进行局部改造与整体翻新，并置入新的功能，作为线性公园中间的休憩驿站——百禧驿站。百禧驿站一层为休憩场所，提供咖啡与简餐服务；二层则作为社区艺术空间，可举办社区沙龙、工作坊与艺术展。

公园南段中部与普陀区环保监测站仅一墙之隔，此次将监测站南侧闲置空间纳入公园整体方案设计中统筹考虑，形成梧桐花园，拓展了公园空间，丰富了公园空间的层次感。公园南入口处东侧现状为市建五公司和市道路运输发展中心用房。为充分利用空间资源，将房屋屋顶空间开放，纳入百禧公园二层廊道一体化设计，扩展了二层空间，提升空间体验感。

绿化市容局入口更新前

枣阳公园入口更新后

水系连通改造施工现场

枣阳公园水景更新后

百禧驿站

环保监测站梧桐花园

上海建工五建集团有限公司和上海市道路运输事业发展中心用房屋顶开放

5.3.3 社会参与共建，艺术融入生活

2021 年上海城市空间艺术季期间，上海美术学院以将艺术融入社区、让居民在日常生活中偶遇艺术为构思，创作了多组主题公共艺术作品，置入曹杨新村，大幅提升了社区的生活环境品质和文化艺术氛围。

“点亮环浜”公共艺术项目以公共艺术作品为环浜公共空间增添文化元素，为社区表情增添温度。“菜场 × 美术馆”项目利用桂巷菜市场，通过艺术家摄影、装置、影像动画等形式的在地艺术创作和展示，叙述曹杨故事，激发桂巷活力。“曹杨的微笑”新媒体艺术作品设置在特色风貌道路——花溪路，艺术家通过影像记录生活在曹杨社区居民的幸福表情，作品尽可能地保留创作瞬时居民最纯粹的心灵感受，表达他们“生活在曹杨、幸福在曹杨”的人生态度。雕塑艺术作品《莲说》设置在曹杨新村的历史公园——曹杨公园的大草坪上，街头雕塑《廊下母子》设置在街角绿地中，通过不同的主题共同表达曹杨居民的幸福生活。红桥是曹杨新村的地标性构筑物，承载着几代曹杨人对美好生活的记忆，街头雕塑《红桥故事》以广为人知的历史照片为原型进行创作，展现和传承曹杨新村的宜居文化。

街头雕塑《廊下母子》

街头雕塑《红桥故事》

“菜场 × 美术馆”

“曹杨的微笑”

曹杨公园中的雕塑艺术作品《莲说》

5.4 共享治理成效

5.4.1 开展主题活动，居民社会共同评价

开拓网络票选活动以及线下居民现场投票等多种通道，使社区居民都能对更新成效进行充分的评价。

2021 城市空间艺术季期间，“曹杨新村・社区故事馆”结合“15 分钟社区生活圈”主题，举行以“我最喜爱的地方”为题的互动活动。活动安排在曹杨一村百姓会客厅三层共享空间，曹杨居民与前来参观的游客均可根据自己的曹杨记忆、生活轨迹或游览体验，为自己最喜爱的社区服务设施或公共空间投票。也可通过填写简介卡，分享具有独特意义的社区空间和自己的“社区认知地图”，多角度评价社区更新的建设成效。

举办“社区治理沙龙”活动，以曹杨一村优秀历史建筑的保护更新为议题，邀请业内专家、曹杨一村住房成套改造设计单位，以及街道代表、居民代表等，以主题圆桌讨论、现场互动、实地访谈的形式，共同参与保护更新效果评估，总结经验，分析问题，为进一步提升优化提出要求和建议。

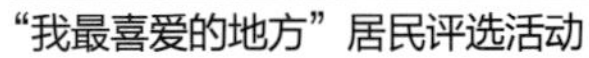
“我最喜爱的地方”居民评选活动

多方实地走访更新效果

多方共评更新成效圆桌会

多方参与社区治理沙龙

5.4.2 智能收集数据，优化完善服务

通过“一网统管”提升社区治理水平，完善“智联普陀”3.0 版建设，“一屏观天下、一网管全城”，形成高效能社区智慧治理平台。围绕日常生活的各个方面，采集居民对宜居、宜业、宜游、宜养、宜学方面的需求，融入曹杨“15 分钟社区生活圈”建设和社区可持续治理。

“智联普陀”街镇平台

“一键叫车”试点进社区

“一键叫车”智慧屏

对社区内各项服务设施进行数据自动收集，包括使用频次、使用状况、是否存在故障等，数据滚动更新，实时上报。这些收集后的数据将被社区管理部门用作优化完善辖区便民设施和服务的参考依据。以社区食堂为例，数据平台对社区食堂每日菜品销售情况的数据进行收集，分析居民饮食偏好，以助于食堂菜品准备和菜谱优化。

公共服务设施使用数据统计平台

“智联普陀”3.0 版九大智慧应用场景

5.4.3 组织宣传交流，推广建设经验

（1）创“双美曹杨”交流品牌

曹杨新村街道创建了“美好生活、美好空间——双美曹杨设计讲堂”活动平台，邀请相关领域著名专家、知名设计师、青年学者等专业人士联袂打造既具有一定专业深度又富含生活气息的系列公共讲座，深挖曹杨文化价值，广泛吸纳群众智慧，以促进、提高社区更新的公众认识度，增强社区治理的公众参与度。

2021 年元旦后的开年第一讲中，规划团队介绍了曹杨“15 分钟社区生活圈”的建设背景和规划方案，同时规划团队借助各种学术交流平台，介绍曹杨“15 分钟社区生活圈”的具体内容。通过线下和线上的传播形式，使社区居民和社会各界了解曹杨“15 分钟生活圈行动”的目标、思路和模式，在学界和社会引起了广泛的关注。“双美曹杨设计讲堂”第二讲是题为《曹杨新村的文化价值》的主题讲座。讲座阐述了曹杨新村的文化遗产和文化价值，对城市更新和保护进行了系统的讲解和方法的介绍。现场观众围绕老旧住区的问题、成套改造中邻里关系的变化，以及青年一代对曹杨红色文化的传承等问题进行了互动交流。

“双美曹杨设计讲堂”第一讲活动现场

“双美曹杨设计讲堂”第二讲活动现场

2021 上海城市空间艺术季期间，“双美讲堂”联合上海开放大学普陀分校，在上海市普陀区教育局、上海市普陀区规划和自然资源局、上海市普陀区曹杨新村街道办事处的共同支持下，举办“双美讲堂，行走曹杨”活动。面向青少年、教育工作者及市民，邀请同济大学教授、曹杨新村研究专家、上海史独立研究人等专家与学者作为讲堂及行走导师。由专家、学者带领一批跨龄公众漫步环浜、村史馆、红桥、百禧公园等重要节点，边走边思，观察社区变迁。活动中，导师与参与者一起畅聊曹杨，闲说城市，用辩证的方式思考社区发展。

“双美曹杨，行走曹杨”活动现场

“双美讲堂，行走曹杨”路线图

（2）上海“2021 空间艺术季”样本社区

曹杨新村街道作为 2021 上海城市空间艺术季主展场之一，组织传播“15 分钟社区生活圈”理念，推广曹杨“15 分钟社区生活圈”建设经验。

空间艺术季期间，曹杨社区共设置主题展、特展、艺术展等共 16 个展览、9 个特色展场、30 余个其他展场，共举办 190 余项活动。让参观者走进社区，融入社区居民的日常生活，全面、深入了解曹杨“15 分钟社区生活圈行动”的愿景和阶段性成果。

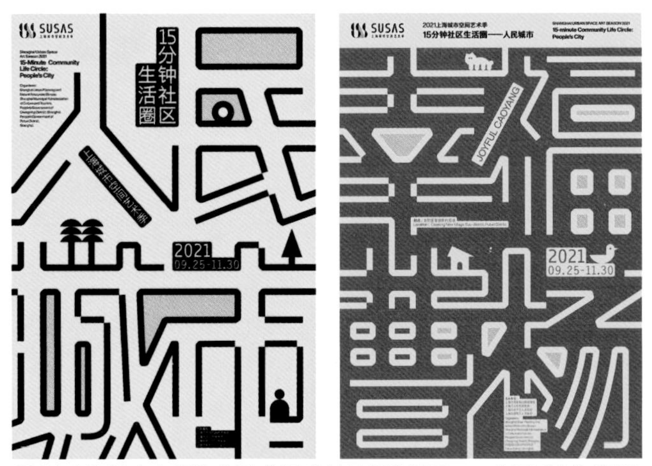

2021 上海城市空间艺术季“15 分钟社区生活圈——人民城市”海报

2021 上海城市空间艺术季活动场景

百禧公园作为艺术季曹杨社区的序厅展场，举行了曹杨社区展场空间艺术季开幕式，布置了 5 大展览，包括“曹杨社区总览”，曹杨“15 分钟社区生活圈行动”规划展、“曹杨看世界，世界看曹杨”主题展、“普陀区五色行动展”“普陀区十个街道及三大重点片区城市更新展”，设置艺术装置，举办学术交流沙龙、社区艺术互动以及其他丰富多彩的艺术活动。

2021 上海城市空间艺术季曹杨展场开幕式现场

①主题展

曹杨社区总览：展览位于百禧公园北入口。该展览展示了本届城市空间艺术季的主题、背景，以及曹杨社区作为上海市样本社区的文化价值和在地特色。展厅囊括了本届城市空间艺术季曹杨社区的推荐展线、特色展场、展项总览及其介绍等内容。

曹杨“15 分钟社区生活圈行动”规划展：展览位于百禧公园展厅的北段，是序厅的第二板块。展览溯源曹杨新村建成以来的规划建设历程，展示“15 分钟社区生活圈行动”中规划理念的萌芽、传承与发展。通过曹杨“15 分钟社区生活圈行动”中一个个鲜活的案例，分享了曹杨人秉持社区传统人文精神，共建新时代“美好曹杨，幸福家园”的做法和经验。

“曹杨社区总览”展场

曹杨“15 分钟社区生活圈行动”规划展

“曹杨看世界，世界看曹杨”主题展：展览以曹杨百禧公园的物理空间为载体，全面展示上海首座高线公园的设计和建设全过程，并与世界上另外两座高线公园——美国纽约高线公园和韩国首尔高线公园进行对照展示。作为曾经的铁路用地和农贸市场，这个特殊的线形空间被重新设计和改造为全新的多层次、复合型步行体验式社区公园，并通过“3K”（即 3 层空间、3 公里长度）展廊的概念——半地下的 K1 艺术展廊、地面的 K2 休闲活动廊、架空的 K3 云上观景廊，营造出一处为社区居民共享的独特空间场所。

“曹杨看世界，世界看曹杨”主题展

②特展

“普陀区五色行动展”“普陀区十个街道及三大重点片区城市更新展”：百禧公园南展场的特展共有两个板块——“普陀区五色行动展”与“普陀区十个街道及三大重点片区城市更新展”，细分为 15 个子项，展示普陀区“蓝绿橙黄红”的五色城市更新行动，构建面向新时代的蓝图底板。同时由点及面地展现普陀区未来蓝绿交织、清新明亮、水城共融、宜居宜业的美好生活画卷。

“普陀区五色行动展”与“普陀区十个街道及三大重点片区城市更新展”

③活动

城市空间艺术季期间，以“宜居、宜业、宜游、宜学、宜养”为5个主题单元，同时策划“公共艺术介入”特别计划，邀请各界专业人士及艺术家共同参与，举办形式多样的社区活动、工作坊。将社区生活圈行动实施的过程转化为广纳群言、广集众智的社区治理平台，汇聚共建美好城市、共创美好生活的强大合力。

百禧公园设计师导览活动

百禧公园景观基础设施学术论坛

百禧公园乐高积木创造营活动

宜居：依托一村居委会设立“曹杨新村·社区故事馆”，同济大学社会学系策展团队联合源园居委会、居民志愿团队和辖区小学，开展了包括“空间设计与社区故事”“老友汇·涟漪”“儿童进社区之小小馆长”等活动在内的十几场活动，形成全过程、参与式的社区故事馆系列活动。共同讲述曹杨新村住房与居住环境的变迁故事，展示曹杨文化，并对保护更新效果进行评估，总结经验，提升优化。

“空间设计与社区故事”活动

“儿童进社区之小小馆长”活动

“社区志愿者培训”活动

“老友汇·涟漪”活动

宜业：依托曹杨新村街道创业服务系列活动及街联社，举办多场“曹掌柜”就业培训及职业体验活动。聚焦“宜业”体验，培养一批有能力、会推销、善沟通的“曹掌柜”，并通过“曹掌柜”经销社与“梧桐市集”提供岗位实践机会，提高居民与社区的黏合度和参与度。

曹杨“梧桐市集”

宜游：围绕曹杨环浜及风貌道路，定期举办“海派街头艺人展演”活动，点亮公共空间，提升空间活力。同时，推出“做一天曹杨人”主题活动，针对不同年龄层，打造“小小居委书记”养成记、“长者数字达人”提升记、“亲密无间情侣”牵手记三条微游览线路；举办“阅曹杨”城市定向公开赛，让更多市民走进曹杨，体验工人新村的优美环境。

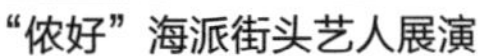

“侬好”海派街头艺人展演

“做一天曹杨人”主题微游览线路

“阅曹杨”城市定向公开赛

宜学：以“全民尚学，幸福人生”为主题，融合普陀区和曹杨优质教育资源，举办“宜学微展”；以“美绘曹杨”为主题，邀请大学生到曹杨社区采风，记录“幸福曹杨”的生活场景。同时，举办多场以终身学习实践为目的的教学培训活动，探讨终身学习在社区教育发展中的现在与未来。

“宜学实践在曹杨”宜学微展宣传页

宜养：在人民城市客厅，以“曹”生活为主题，借助社会组织的力量，举办“料理妈妈美食艺术空间”“家的味道”厨艺大赛等活动，充分体现全龄关怀、幸福生活。同时，在百禧驿站围绕新“曹”流主题，邀请艺术家及专业人士与社区中老年居民一起，开展时尚工装秀、丝巾艺术教学、早餐美学沙龙等形式多彩的活动，极大地丰富了社区中老年居民的日常生活，吸引了许多社区居民的参与。

丝巾艺术教学

早餐美学沙龙

时尚工装秀

慈善时尚秀

植入公共艺术：以公共艺术作品点亮城市空间，让居民在社区里偶遇艺术，为社区增添能量，为城市增添温度。“点亮环浜”及“菜场 X 美术馆”项目基于曹杨社区开展创作，通过艺术家摄影、装置、雕塑作品等形式，让艺术融入生活。“曹杨的微笑”新媒体艺术展，艺术家以影像记录生活，记录曹杨人的幸福表情。“曹杨人的一天”以“五宜”社区营造为背景，邀请年轻艺术家以插画、装置的形式表现独具曹杨记忆的地标性空间。同时，选取往届全国大学生公共视觉双年展中的优秀作品置于社区公共空间，展现当代大学生创造力，提升社区空间品质。还邀请艺术家开办“艺术夜校”，以曹杨新村作为对象，带领参与者展开在地性艺术创作，以“人人都是艺术家”的概念，丰富社区居民的文化生活。

点亮环浜——“滚圈男孩”

大学生艺术作品——“新世纪‘考古’”

“今日曹杨”墙画

（3）绘“曹杨一刻”精彩生活

编辑生动活泼、图文并茂的《绘“生”绘“社”，曹杨“一刻”》绘本，面向公众，解读曹杨“15 分钟社区生活圈”建设与居民日常生活息息相关的联系。

绘本通过“老曹”和“小杨”祖孙两代人的对话，道出“15 分钟社区生活圈”的理念，以及曹杨新村共商、共建、共享的社区更新行动过程，通过曹杨新村历史记忆与现代社区生活场景的交互，以故事场景展现曹杨新村的“五宜”生活，描绘曹杨新村“15 分钟社区生活圈行动”取得的成就和美丽的社区风采。

在百禧公园，老曹对小杨讲述着百禧公园的前世今生：“这里以前是条铁路，后来做了菜市场……”

老曹作为志愿者带领外宾沿环浜参观讲解。讲起小时候沿着环浜玩耍、钓鱼，后来河道淤积，水质变差了，为了治理水体，构筑了一座“水下森林”。现在的环浜清澈见底、水草萋萋、浮萍相映。

《绘“生”绘“社”，曹杨“一刻”》内页

在兰溪青年公园，老曹对小杨说，“这里从前是共青果园，曹杨青年们义务劳动开垦废墟，种植果林。小时候我们很喜欢到那里捉蟋蟀，三年自然灾害时还去那里挑野菜。”

小杨在曹杨公园写生，记录下今年第一场大雪的景色。

《绘“生”绘“社”，曹杨“一刻”》曹杨的四季

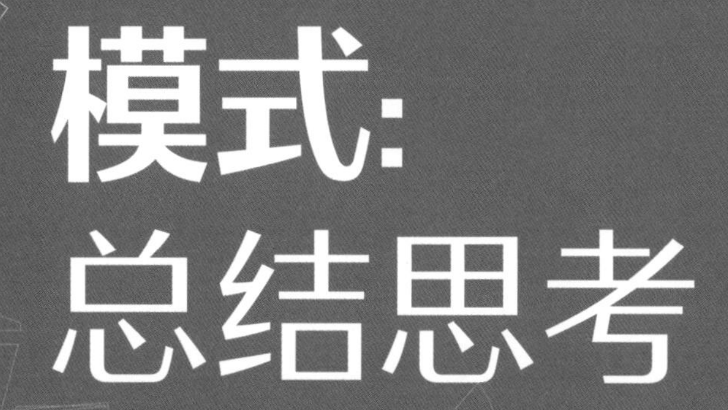

6 模式:总结思考

2020—2021 年，曹杨新村街道从社区更新规划方案编制到成果纳入法定控规，并将正在实施的住房综合修缮和住房成套改造项目统筹纳入更新规划，启动并完成了第一期规划实施项目包。一方面，此次更新规划以“15 分钟社区生活圈行动”的“五宜”体系为框架，目标与问题互为导向，通过多方全过程参与和空间资源的价值发掘，实现综合完善和提升曹杨新村社区生活品质的有机更新目标；另一方面，在实施中聚焦公共资源的协同利用，探索更新实施机制的创新。

6.1 更新行动初见成效

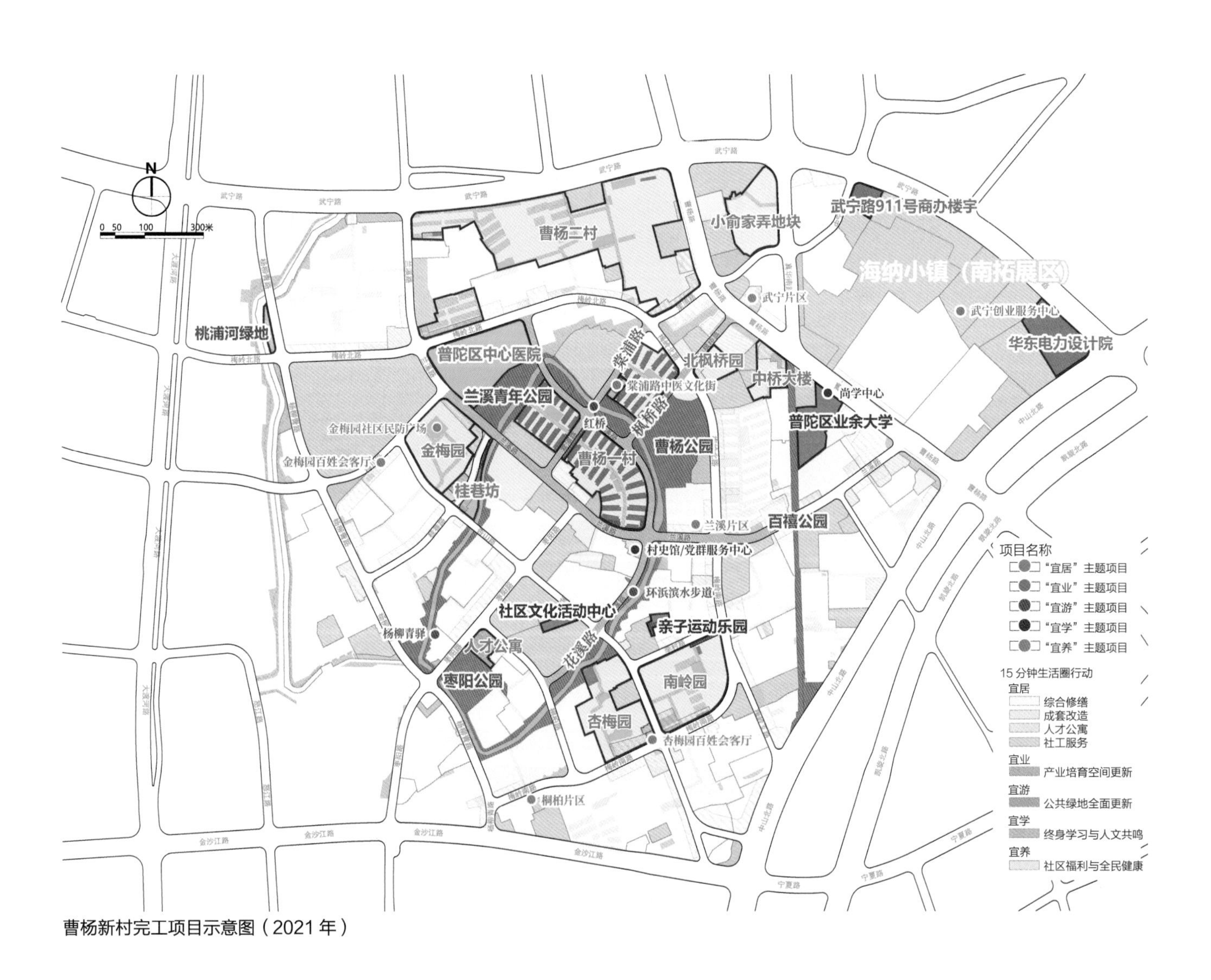

曹杨新村完工项目示意图（2021年）

（1）宜居曹杨：居住品质全面提升

住区综合品质整体优化。针对老旧住区设施陈旧、住房不成套、建筑老化和环境杂乱等民生问题，开展旧住房成套改造与综合修缮，优化老旧住区公共环境。目前已完成曹杨一村、曹杨二村、曹杨五村、曹杨六村、金梅园小区等 9 个住区、77 幢楼、3297 户，建筑面积总计 11.2 万平方米成套改造项目，以及曹杨三村金梅园、北枫桥园、中桥大楼等 32 个住区，建筑面积 97.68 万平方米的综合修缮项目。

探索空间利用复合转型。充分挖掘社区空间潜力，对闲置空间转型再利用。金梅园利用退出序列的 20 世纪 70 年代建成的老旧民防工程，将其改造建设成住区公共小广场。通过打开部分顶板建设下沉式广场，结合社区服务和居民休闲，形成一个融社区综合服务和民防宣教于一体的社区公共活动空间。

曹杨一村更新后

中桥大楼入口更新后

金梅园人防广场更新后

枫桥曹杨更新后

（2）宜业曹杨：产业空间格局优化启动

协同区域产业发展格局，优化科创产业布局。推动武宁路 911 号建设 TOD 导向的商办复合楼宇再开发，华东电力设计院新办公大楼已经启动建设。

整合社区产业资源，引导社区就业、创业。沿曹杨路推进科技园和创业孵化基地建设，打造“曹 young 梦工厂”就业、创业服务品牌，吸引正在创业或有意向创业、就业的社区居民参与，通过举办创业政策宣讲、创业咨询和专业技能培训活动，讲解创业政策，培育创业技能。

曹杨新村风暴赛道创业服务中心

武宁路 911 号商务楼设计方案

曹杨就业、创业指导活动

曹杨创业咨询服务

（3）宜游曹杨：绿色社区格局基本形成

完善社区蓝绿公共空间体系。目前百禧公园已完工并对外开放。曹杨环浜在沿线企事业单位的支持下，通过退墙铺路的方式，实现了长 1.2 公里的滨水空间断点贯通。将沿河人行道、绿化带、滨水径三者充分融合，建设了多处绿岛林荫广场，增加了居民日常活动空间。

下一步将继续因地制宜地采用多种方式分段贯通沿河步道，整体提升曹杨环浜滨水公共空间品质；强化开放共享，通过慢行路径的连通，将生态底色和人文活力由滨河地区向街坊、社区渗透；逐步推进桃浦河景观整治和滨水岸线开放。

再现风貌街道美丽景观。继续开展美丽道路建设，突出道路设施、城市家具、建筑立面、沿街绿化、街景小品等的全要素提升，营造高品质宜人街景。以花溪路、枫桥路、棠浦路为试点，已完成架空线入地和杆箱整治、人行道铺装和沿线绿化景观等整治提升工程，优化了慢行体验。

环浜滨水步道

桐柏路街头绿地

社区巴士

棠浦路美丽道路

（4）宜学曹杨：全龄学习体系趋于完善

曹杨新村村史馆整修一新，对外开放。重新布展的村史馆以“忆往昔·峥嵘岁月稠”和“新世纪·更上一层楼”两个主题板块，刻画了红色基因和劳模文化在新中国第一个工人新村深耕培育带来的70年社区变迁和动人故事。曹杨社区文化中心大修工程业已完成并对外开放。服务多元人群的阅览室、教室、工作室、剧场，根据活动流线分布在建筑各层，原有功能得以改善，以回应现代高标准的互动要求，形成了艺术与文化交融、共享开放的社区文化交流平台。

属地单位共建，丰富终身学习功能。普陀区业余大学与社区互动，建立了尚学中心，开展系列社区课堂。盘活单位资源，普陀区妇联与普陀区体育局共同打造曹杨社区“共享”亲子活动室、亲子运动乐园。

曹杨新村村史馆外景

曹杨新村村史馆内景

普陀区业余大学尚学中心入口

社区文化活动中心入口

（5）宜养曹杨：健康社区建设成果显著

整合资源，打造家门口的健康便民服务。曹杨新村社区以社区居民需求为导向，创建了城市客厅综合服务体系。目前已完成村史馆及党群服务中心街道级客厅建设，武宁片区、梅岭北片区、兰溪片区服务中心，以及一批居委级百姓会客厅的建设。通过整合政府、社会、企业的多种服务资源，在片区中心设置党群服务、老年日托、社区食堂、卫生站点、便民药房、网格化管理等功能，提供有温度的社区服务。

发挥资源优势，构建智慧医疗服务体系。曹杨社区卫生服务中心承办的“棠浦路中医文化街”建设项目已初具规模，作为市级中医药特色街区试点，将中医文化元素有机融入街区，与学校、养老机构联动，围绕居民关注的医疗、用餐、托养等需求，提供具有中医药特色的“一站式”服务。普陀区中心医院、普陀区精神卫生中心、普陀区红十字会联合复旦大学社会发展和公共政策学院、复旦大学护理学院、上海健康医学院康复学院6家单位，共同组成曹杨健康党建共同体。依托智慧曹杨数字平台，推行“互联网 + 诊疗服务”，为社区居民提供高效、便捷、高质量的医疗健康服务。

人民城市客厅 · 武宁片区

人民城市客厅 · 武宁片区老年人日间照料中心

人民城市客厅 · 桐柏片区社区食堂

普陀区中心医院

6.2
重大项目有序推进

“十四五”期间，曹杨新村街道将以“一张蓝图”干到底的决心，落实“人民城市人民建，人民城市为人民”的重要理念，深耕“15分钟社区生活圈行动”，探索、创新有机更新的机制与路径，实现“美好曹杨、幸福家园”的愿景。

（1）持续推动产业用地转型，提升创新活力

对接二手车交易市场、久事公交（原公交汽车三场曹杨路停车场）等企业，探索建筑更新利用和土地功能调整的路径，布局新楼宇、新产业，为社区提供更多的就业岗位。

（2）持续完善公共开放空间体系，培育公共生活

与区国资委、西部绿化等部门对接，腾挪沿环浜单位空间，贯通沿河公共步道，建设环浜驿站，进一步提升曹杨环浜滨水空间的开放性和公共服务职能。通过多方协商，推动住区公共通道开放，疏通慢行网络。提高沿街、街头绿地的开放性，开放单位附属场地，补足住区公共活动场地短板。

（3）持续跟进社区重大项目，振兴“曹杨品牌”

协助配合招商工作，推进“曹杨商店”“曹杨饭店”焕发新生，在新时代以崭新的面貌陪伴曹杨社区居民的日常生活。以上海国际电影节为契机，研究“曹杨影剧院”改造更新方案，展现曹杨新村文化新面貌。

（4）持续推进社区数字化转型，共享智能服务

以智慧共享为理念，对接当代数字技术和数字城市的发展，提升曹杨社区数字社区管理服务平台的能级。依托真如副中心数字化产业建设，搭建适用于数字化转型、面向多元服务、高频高可用的技术环境，打通在街道工作或生活的人员的个体化需求与各类数字化场景的连接，为创新社区精细化治理和智能化服务构建信息基础设施。

曹杨一村（2021 年）

6.3 曹杨新村社区更新模式

曹杨新村社区更新在《15 分钟社区生活圈行动·上海倡议》的背景下展开，现已完成了第一阶段的实施项目。在曹杨新村社区更新中，目标与问题互为导向，更新规划编制遵循“提升空间体验品质、强化社区认同感和归属感、适应社区不同人群变化需求”的思路，三者并举，三位一体。一是构建为居民服务的蓝绿空间体系，提升蓝绿空间体系和覆盖曹杨新村的“弯窄密”特色林荫道路空间体系的体验品质；二是充分挖掘和彰显曹杨新村的历史文化特色要素，保护、传承历史文化风貌和社区传统，增强居民对社区的认同感和归属感；三是充分利用存量空间资源，充实和完善公共服务设施的配置和规模，适应社区人口结构特点和人口规模变化。这个“三位一体”的思路是因地制宜地针对曹杨新村的资源优势和问题短板确定的。三者并举，既充实了“五宜”中曹杨新村的缺项和不足，同时突出了曹杨新村的特色，从而实现提升居民获得感和幸福感的更新目标。

回顾此次曹杨新村社区更新的全过程，其更新模式具有以下五个方面的特点。

（1）公众参与的工作方法

曹杨新村“15 分钟社区生活圈行动”采用了多种公众参与方式，以实现公众与规划编制的有效互动。规划利用各类社区平台资源收集民意、了解居民的更新意愿与诉求，搭建居民与专业人员互动机制汇聚民智、征询居民对规划的意见和建议，组织面向社会的设计方案公开征集活动，凝聚对社区未来的共同愿景。通过多途径的公众参与，使规划得以在不同层面掌握了社区的短板与优势，汇集多方智慧，支撑并提高了规划方案的适应性。

（2）目标引领下的更新策略

社区更新不仅仅是技术性规划，同时是一项综合的行动计划，不单单局限于短板补缺，而是关注更多维的目标。曹杨新村社区更新规划改变以往以更新项目为主进行规划设计的思路，延展时空广度，以整个社区为空间单位，以新村规划建设为时间起点，在做实、做细基础信息调查的基础上，统筹各方建议，坚持“以人民为中心”的发展思想，以新时代的新发展理念为引领，明确社区发展目标，落实“五宜”更新项目。

（3）以价值为导向的特色营造

任何现存社区经过几十年的发展和积累都有其特色和优势存在，它是每个社区发展需要依托的独特资源，也是其发展的潜力所在。曹杨新村是我国第一个以现代“邻里单位”规划理论建造起来的大型社区，具有清晰、完整的规划结构。曹杨新村作为上海工人新村的代表，是海派文化的主要载体之一。今天的曹杨新村“邻里单位”空间格局保存完好，同时还留存了许多工人新村居民日常生活的场所。社区更新应该“补短板”与“锻长板”并重，做足社区的“长板”，彰显社区的特色，才能支撑社区的长远发展。

（4）多方协同的实施路径

多方协同是曹杨新村社区更新实施项目落地过程中的一项重要工作机制，包括三个方面。一是政府各个部门之间的协同。通过市区合力、多部门协同的工作推进机制，沟通工作计划，安排实施时序，统筹空间和资金，保障各部门行动的协调性和目标的一致性，保障更新实施顺利推进。二是政府与社会的协同。街道和居委会作为社区治理的推进主体，形成基层工作平台，衔接社区需求，联合业委会、居民及相关企事业单位，聘请社会组织，与在地企业沟通，对接实施主体。政府通过提供政策和场地支持，与社会组织、企业与居民建立多元合作伙伴关系，充分调动了各类主体参与社区更新的积极性。三是各个参与的专业技术团队之间的协同。在规划编制和实施过程中，规划单位按区政府的要求承担“总规划师团队”的职责，与居民和社区进行了各种形式的沟通交流和规划宣传，与政府各部门和项目设计单位就项目实施的方案和时序进行统筹，对实施过程进行指导，对实施效果进行把控。从项目定位到项目设计，从“总规划师单位负责制”到一个空间多个实施主体协同实施，目的只有一个，就是保障更新项目的实施品质和规划实施的完成度。

（5）纳入法定规划的规划程序

社区更新项目的实施需要法定规划的支撑。由于发展目标的变化和问题诉求的变化，社区更新规划设计方案往往会涉及改变原法定控规的情况。为落实社区更新规划设计方案、保障更新行动中各类项目合法合规实施，需要通过对原控规按法定程序进行局部调整或修编，将相关合理合规的内容纳入法定规划中。

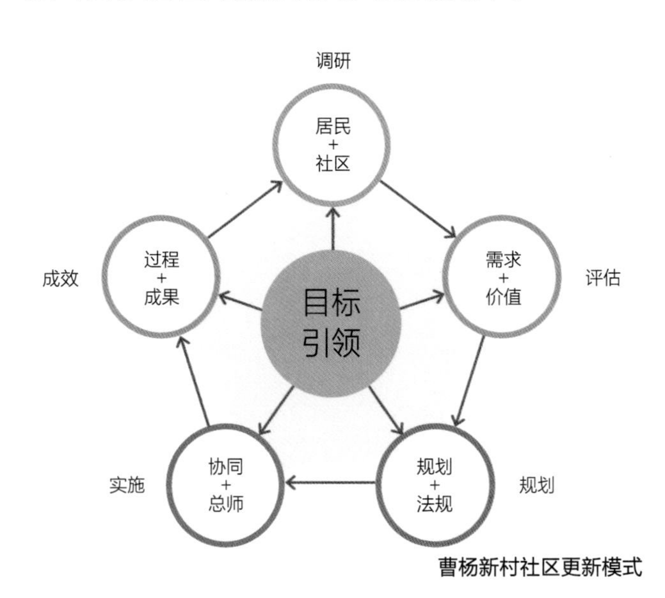

曹杨新村社区更新模式

图表来源

表格中未列图表为作者自绘或自摄

页码	图名	来源
003	上海杨浦滨江人民城市建设规划展示馆	新华社
013	曹杨星工厂	上海城市公共空间设计促进中心
022	陈毅市长提出“有重点地修理和建设工人住宅”	曹杨新村村史馆
024	生产先进者入住曹杨新村	曹杨新村村史馆
025	《不断跃进的裔式娟小组》连环画	曹杨新村村史馆
	生产先进者入住曹杨新村	曹杨新村村史馆
	生产先进者居永康入住曹杨新村	曹杨新村村史馆
027	上海市“二万户”类型住宅分布图（1952 年）	叶贵勋. 循迹 · 启新 [M]. 上海：同济大学出版社，2008.
028	佩里的“邻里单位”图解	WARD S. Planning and urban change[M]. London: SAGEPublications, 2004.
	佩里遵循“邻里单位”原则设计的住区方案鸟瞰图	江嘉玮. “邻里单位”概念的演化与新城市主义 [J]. 新建筑，2017（4）：7.
	佩里遵循“邻里单位”原则设计的住区方案地块划分图	
	佩里遵循“邻里单位”原则设计的住区方案建筑布局图	
029	“邻里单位”图示	WARD S. Planning and urban change[M]. London: SAGE Publications, 2004. 作者团队改绘
	汪定曾（1913—2014）撰文介绍当年规划	汪定曾. 上海曹杨新村住宅区的规划设计 [J]. 建筑学报，1956（2）：3-17.
030	曹杨新村中心总平面图	汪定曾. 上海曹杨新村住宅区的规划设计 [J]. 建筑学报，1956（2）：3-17.
031	小区组织示意图	汪定曾. 关于上海市住宅区规划设计和住宅设计质量标准问题的探讨 [J]. 建筑学报，1959（7）：15-18，41.
	曹杨新村行政组织与住宅区规划结构示意图	汪定曾，徐荣春. 居住建筑规划设计中几个问题的探讨 [J]. 建筑学报，1962（2）：6-13，22.
	曹杨新村一期工程建设范围示意图	汪骅，陈庆庄. 上海居住区规划设计中几个问题的探讨 [J]. 建筑学报，1964（2）：10-16.
	曹杨新村规划三级结构示意图	
	曹杨新村服务设施布局图	王硕克. 居住小区规划设计的探讨 [J]. 建筑学报，1962（1）：10-13.
032	人均居住面积统计表	汪定曾. 上海曹杨新村住宅区的规划设计 [J]. 建筑学报，1956（2）：3-17.
	人口密度统计表	
033	曹杨新村公共开放空间布局图	汪定曾. 上海曹杨新村住宅区的规划设计 [J]. 建筑学报，1956（2）：3-17. 作者团队重新编辑

续表

页码	图名	来源
035	20 世纪 50 年代曹杨环浜与曹杨一村	曹杨新村村史馆
035	20 世纪 50 年代曹杨环浜与曹杨二村	曹杨新村村史馆
035	曹杨环浜与曹杨公园湖面（1954 年）	曹杨新村村史馆
035	20 世纪 50 年代曹杨环浜、花溪路与曹杨一村共同构成工人新村“如画的风景”	曹杨新村村史馆
036	风貌保护道路——花溪路（1956 年）	曹杨新村村史馆
036	风貌保护道路——花溪路（2018 年）	上海市普陀区绿化和市容管理局
036	风貌保护道路——花溪路（2021 年）	上海市园林设计研究总院有限公司
037	组团路（1952 年）	曹杨新村村史馆
037	组团路（1959 年）	曹杨新村村史馆
037	棠浦路（1952 年）	曹杨新村村史馆
037	棠浦路（1970 年）	曹杨新村村史馆
037	棠浦路（1980 年）	曹杨新村村史馆
038	曹杨一村、四村鸟瞰图（20 世纪 80 年代）	曹杨新村村史馆
039	曹杨二村（1953 年）	曹杨新村村史馆
039	曹杨三村（1953 年）	曹杨新村村史馆
039	曹杨四村（1953 年）	曹杨新村村史馆
039	曹杨五村（1953 年）	曹杨新村村史馆
039	曹杨六村（1953 年）	曹杨新村村史馆
039	曹杨七村（1953 年）	曹杨新村村史馆
040	1952 年《解放日报》刊登曹杨新村居民孔阿菊和丈夫徐真华照片	曹杨新村村史馆
041	20 世纪 50 年代的红桥	曹杨新村村史馆
041	20 世纪 90 年代的红桥	曹杨新村村史馆
041	20 世纪 90 年代改造通车的红桥	曹杨新村村史馆
041	20 世纪 60 年代电影中的红桥	电影《今天我休息》
041	红桥（2021 年）	上海城市公共空间设计促进中心
042	曹杨公园（2021 年）	上海城市公共空间设计促进中心

续表

页码	图名	来源
043	20 世纪 70 年代，居民在曹杨公园大草坪上合影	曹杨新村村史馆
	20 世纪 80 年代，居民在曹杨公园湖边留影	
	早期的曹杨公园（1954 年）	《上海地方志 · 普陀区志》
044	村口的五星（1952 年）	曹杨新村村史馆
	曹杨新村村史馆曹杨一村模型（1952 年）	澎湃新闻
045	环浜滨水空间（1952 年）	曹杨新村村史馆
	村口的电钟（1952 年）	
046	20 世纪 50 年代，“国营上海第二纺织机械厂陆阿狗与黄梅狗等在夕阳西下的时候，他们就在草地上下棋”	曹杨新村村史馆
	20 世纪 50 年代，居民在种菜	
	20 世纪 50 年代，居民在散步	
	20 世纪 50 年代组织篮球比赛	
048	上海市实验幼儿园与曹杨第一小学（1962 年）	曹杨新村村史馆
	曹杨一村民办小学（1958 年）	
	朝春中心小学（2021 年）	上海城市公共空间设计促进中心
049	曹杨二中（1954 年）	曹杨新村村史馆
	曹杨二中（1975 年）	
050	老年人在曹杨公园合唱（2021 年）	上海城市公共空间设计促进中心
	20 世纪 60 年代学生在棠浦路集体做作业	曹杨新村村史馆
	20 世纪 60 年代学生在花溪路做操	
051	棠浦路转角的简易邮票亭（1952 年）	曹杨新村村史馆
	20 世纪 50 年代曹杨新村红旗食堂	
052	20 世纪 50 年代印度代表团参观曹杨新村	上海市档案馆
	20 世纪 50 年代苏联代表团参观曹杨新村	曹杨新村村史馆
053	20 世纪 50 年代曹杨新村相关报道	上海大学上海美术学院
054	电影《今天我休息》剧照	《上影画报》1960 年第 1 期
058	曹杨公园（2021 年）	上海城市公共空间设计促进中心
061	曹杨环浜（2021 年）	上海市园林设计研究总院有限公司

续表

页码	图名	来源
062	百禧公园设计构思图	刘宇扬建筑事务所
	百禧公园设计方案总平面图	华建集团上海现代建筑规划设计研究院有限公司
063	百禧公园设计方案模型	刘宇扬建筑事务所
064	曹杨环浜设计方案结构图	上海市园林设计研究总院有限公司
	曹杨环浜设计方案驳岸设计示意图	
	曹杨环浜设计方案策略示意图	
065	曹杨环浜设计方案驳岸设计示意图	上海市园林设计研究总院有限公司
	曹杨环浜设计方案滨水绿地提升示意图	
067	曹杨新村鸟瞰（2021 年）	上海城市公共空间设计促进中心
070	曹杨新村“日常生活空间更新”概念设计：特色功能节点与空间网络总平面图	杨宇驰、赵筠蔚、蔡茜
071	曹杨新村“日常生活空间更新”概念设计：空间结构示意	杨宇驰、赵筠蔚、蔡茜
	曹杨新村“日常生活空间更新”概念设计：功能节点与空间网络	
	曹杨新村“日常生活空间更新”概念设计：功能策划	
073	曹杨公园鸟瞰	上海市普陀区绿化和市容管理局
074	曹杨新村“慢行优先网络”概念设计：总体结构	胡努、徐馨阳、吴澳森
	曹杨新村“慢行优先网络”概念设计：桃浦片区邻里活动场所	
	曹杨新村“慢行优先网络”概念设计：桃浦片区节点设计	
075	曹杨新村“慢行优先网络”概念设计：桃浦片区平面图	胡努、徐馨阳、吴澳森
084	曹杨新村街头绿地更新效果图	上海四叶草堂青少年自然体验服务中心
087	棠浦路美丽道路设计总平面与鸟瞰图	上海市园林设计研究总院有限公司
088	梅岭南路桐柏路街头绿地设计鸟瞰图	上海四叶草堂青少年自然体验服务中心
	梅岭南路桐柏路街头绿地设计效果图	
090	桂巷路步行街无障碍更新效果图	上海市园林设计研究总院有限公司
093	曹杨新村老年运动健身空间效果图	上海四叶草堂青少年自然体验服务中心

续表

页码	图名	来源
094	曹杨新村儿童活动场地效果图	上海四叶草堂青少年自然体验服务中心
	金梅园儿童游戏场地（2021 年）	上海城市公共空间设计促进中心
	曹杨公园儿童游戏场地（2021 年）	
098	枫杨园“红色议事厅”综合修缮专题会	曹杨新村街道
	北梅园“红色议事厅”综合修缮专题会	
099	武宁片区“红色议事厅”	上海城市公共空间设计促进中心
101	青少年意见征集	曹杨新村街道
	居民问卷调查	杨辰
104	“曹杨一村 · 社区故事馆”参与式营造工作坊	同济大学社会学系
105	“童行曹杨 · 手绘一村”工作坊	同济大学社会学系
	“家的模样”绘画互动	
	“童行曹杨 · 手绘一村”工作坊学生创作	
	“曹杨一村 · 社区故事馆”参与式营造工作坊	
106	上海城市公共空间设计促进中心徐妍主任介绍曹杨“环浜九驿”设计方案征集背景	雄大设计港
	上海市园林设计研究总院有限公司刘晓嫣副院长介绍曹杨“环浜九驿”设计方案征集要求	
107	上海市园林设计研究总院有限公司刘晓嫣副院长分享曹杨“环浜九驿”设计征集的方案	雄大设计港
	居委会干部分享看法	
	居民代表发表观点	
109	曹杨“环浜九驿”设计方案征集大赛一等奖方案	上海热气建筑设计有限公司
110	同济大学建筑与城市规划学院以曹杨新村为课题开展规划设计课程教学	杨辰
111	高校合作教学基地落户曹杨新村签约仪式	雄大设计港
119	金梅园小区出入口改造方案	中国建筑科学研究院有限公司
	兰花园小区出入口改造方案	
	枫桥路沿街商铺店招改造方案	
	梅岭北路沿街商铺店招改造方案	

续表

页码	图名	来源
121	曹杨新村“园区—社区融合”节点概念设计：功能布局	辛雪槟、李美慧、夏彬鑫
	曹杨新村“园区—社区融合”节点概念设计：慢行联系	
	曹杨新村“园区—社区融合”节点概念设计：连接园区与社区的步行廊桥	
123	兰溪路街头绿地改造方案效果图	上海市园林设计研究总院有限公司
	枫桥路梅岭北路街头绿地改造方案鸟瞰图	上海建筑装饰（集团）设计有限公司
	杨柳青路美丽道路改造方案效果图	上海林李设计集团
125	曹杨新村村史馆改建方案立面图	上海沪防建筑设计有限公司
	曹杨社区文化活动中心改建方案内院景观效果图	广州南方建筑设计研究院
	曹杨社区文化活动中心改建方案入口效果图	
	曹杨社区文化活动中心改建方案儿童图书室效果图	
	曹杨社区文化活动中心改建方案广场效果图	
127	普陀区中心医院新建急诊大楼设计效果图	上海市普陀区规划和自然资源局
	普陀区中心医院新建急诊大楼设计鸟瞰图	
	桂巷坊片区中心宜养功能设计布局图	上海市园林设计研究总院有限公司
140	曹杨“15 分钟社区生活圈行动”“三线联动”模式图	上海市城市规划设计有限公司
146	百禧公园鸟瞰（2021 年）	雄大设计港
148	曹杨一村住宅保护修缮后	上海城市公共空间设计促进中心
149	曹杨一村成套改造总平面图	上海建筑装饰（集团）设计有限公司
150	曹杨一村成套改造户型平面图	上海建筑装饰（集团）设计有限公司
151	曹杨一村住宅更新过程中	曹杨新村街道
152	曹杨一村二工区组团绿地更新后	上海城市公共空间设计促进中心
153	曹杨一村一工区组团绿地设计方案鸟瞰图	上海建筑装饰（集团）设计有限公司
	曹杨一村二工区组团绿地设计方案鸟瞰图	
155	百禧公园夜景	上海城市公共空间设计促进中心
156	百禧公园鸟瞰	雄大设计港
158	新曹杨八景	上海市园林设计研究总院有限公司
159	曹杨环浜设计总平面图	上海市园林设计研究总院有限公司
160	曹杨环浜八项行动	上海市园林设计研究总院有限公司

续表

页码	图名	来源
161	曹杨环浜（2021 年）	上海城市公共空间设计促进中心
164	桂巷坊更新后	上海市园林设计研究总院有限公司
165	桂巷坊入口更新前	上海市园林设计研究总院有限公司
	滨水区更新前	
	曹杨会客厅更新前	
166	桂巷坊段设计总平面图	上海市园林设计研究总院有限公司
168	桂巷坊更新居民意见征集	上海市园林设计研究总院有限公司
169	桂巷坊设计策略	上海市园林设计研究总院有限公司
173	花溪路设计断面透视图	上海市园林设计研究总院有限公司
174	源园百姓会客厅一层平面图	上海东大建筑设计研究院（集团）有限公司
	源园百姓会客厅三层平面图	
176	曹杨新村 · 社区故事馆：“曹杨”门头	同济大学社会学系
	曹杨新村 · 社区故事馆：“曹杨”回字纹镂空造型	
177	曹杨新村 · 社区故事馆开幕	同济大学社会学系
	曹杨新村 · 社区故事馆：画“说”曹杨	
	曹杨新村 · 社区故事馆：“花甲天使”导览员培训	
	曹杨新村 · 社区故事馆：“小小馆长”培训	
	曹杨新村 · 社区故事馆：“老物件征集”活动	
	曹杨新村 · 社区故事馆：百岁老人庆生	
178	曹杨一村搬家无忧服务	曹杨新村街道
179	红色搬家先锋队义务搬家服务	曹杨新村街道
	组织签约	
	装饰装修“惠民集市”	
	居民领取回迁贺礼	
	更新政策咨询	
180	绿化市容局入口更新前	上海市普陀区绿化和市容管理局
	水系连通改造施工现场	
182	“菜场 × 美术馆”	上海大学上海美术学院
184	“我最喜爱的地方”居民评选活动	同济大学社会学系

续表

页码	图名	来源
185	多方实地走访更新效果	同济大学社会学系
	多方共评更新成效圆桌会	
	多方参与社区治理沙龙	
186	“智联普陀”街镇平台	曹杨新村街道
	“一键叫车”试点进社区	
	“一键叫车”智慧屏	上海城市公共空间设计促进中心
187	公共服务设施使用数据统计平台	曹杨新村街道
	“智联普陀”3.0 版九大智慧应用场景	
189	“双美曹杨，行走曹杨”活动现场	上海潮字文化艺术有限公司
	“双美讲堂，行走曹杨”路线图	
190	2021 上海城市空间艺术季“15 分钟社区生活圈——人民城市”海报	上海城市公共空间设计促进中心
	2021 上海城市空间艺术季活动场景	
191	2021 上海城市空间艺术季曹杨展场开幕式现场	雄大设计港
193	“曹杨看世界，世界看曹杨”主题展	上海城市公共空间设计促进中心、刘宇扬建筑事务所
195	百禧公园设计师导览活动	刘宇扬建筑事务所
	百禧公园景观基础设施学术论坛	
	百禧公园乐高积木创造营活动	
196	“空间设计与社区故事”活动	同济大学社会学系
	“儿童进社区之小小馆长”活动	
	“社区志愿者培训”活动	
	“老友汇 · 涟漪”活动	
197	曹杨“梧桐市集”	曹杨新村街道
198	“侬好”海派街头艺人展演	曹杨新村街道
	“做一天曹杨人”主题微游览线路	
	“阅曹杨”城市定向公开赛	
199	“宜学实践在曹杨”宜学微展宣传页	上海潮字文化艺术有限公司

续表

页码	图名	来源
200	丝巾艺术教学	曹杨新村街道
	早餐美学沙龙	
	时尚工装秀	
	慈善时尚秀	
201	大学生艺术作品——“新世纪‘考古’”	上海城市公共空间设计促进中心
203	《绘“生”绘“社”，曹杨“一刻”》内页	傅晓旭
207	中桥大楼入口更新后	上海城市公共空间设计促进中心
208	曹杨就业、创业指导活动	曹杨新村街道
	曹杨创业咨询服务	
210	曹杨新村村史馆内景	上海城市公共空间设计促进中心
	普陀区业余大学尚学中心入口	
	社区文化活动中心入口	
211	人民城市客厅·武宁片区老年人日间照料中心	上海城市公共空间设计促进中心
	普陀区中心医院	
	人民城市客厅·桐柏片区社区食堂	曹杨新村街道